包装系统设计

高等艺术院校视觉传达设计专业规划教材

魏 洁 著

中国建筑工业出版社

《高等艺术院校视觉传达设计专业规划教材》编委会

序

中国艺术设计教育进入了繁荣发展的关键时期，以发展的角度来看，艺术设计教育早期的知识建构及专业知识的传播功不可没。然而，传统的教学方法观念落后、内容陈旧，逐渐难以满足高速发展的社会需求。中国现代设计艺术教育的基础源于传统工艺美术教育，在发展上又借鉴了包豪斯教育理念和发达国家的设计教育思想，随着国家高等教育规模的迅速扩大，设计艺术教育日益呈现突飞猛进的发展态势。从教学方法学视角看，设计艺术教育是通过强化实践环节，促进学生能力培养来实现的，理论与实践相结合是培养社会发展所需求的设计人才的重要模式，而工作室教学模式正体现了这一教学理念，它以教学为中心，以教学团队联合施教的方式，将教学、研究、设计有机地融为一体，不仅扩大了施用范围，同时又不必苛求外在配套条件，是学生实践能力和创新能力的提高途径。无疑，这正是一条更适合我国设计教育土壤的创新型人才培养新路径，也是艺术设计实践教学改革的必经之路。

艺术设计方面的教材在专业构建的早期可谓寥若星辰，之所以艺术设计专业没有“院编”教材的原因有多种：首先，不同的学校，教学目标、办学层次不同；其次，艺术设计是与时俱进的专业，有不断更新补充内容以适应发展需求的特点；再次，艺术设计的创造性思维不同于理工学科，因为有着“艺术”的界定而使设计没有绝对的衡量标准。因而，长期以来艺术设计教育因渊源不同而各自相异，可谓名副其实的“百家争鸣、百花齐放”。

基于上述特点，也基于对设计教育现状的了解，针对工作室教育模式设计编订规范性教材的难度是显而易见的，这无形之中对新编系列教材的编纂工作提出了更高的要求。

一个学校的教育思想是非常重要的，会直接渗透到编订教材的方方面面。江南大学设计学院作为国内第一个明确以“设计”命名的学院，发展历经数十年，形成了自己独有的艺术设计教育理念，积累了科学的设计教育方法。依托设计学院近年所承担的国家级、省部级教学改革研究项目和国家级、省部级教学成果以及省级“品牌”专业建设的成效，江南大学设计学院与中国建筑工业出版社共同策划并推出本套高等艺术院校视觉传达设计专业规划教材。

本套教材以艺术设计工作室教学为基础，是基于工作室教学不只承担原有的教学功能，与传统课堂教学相比，它的理论讲授不仅仅包含着学生应掌握的课程理论知识，还包括了工作室教学自身所独有的系统理论，为设计教育的后续实践研究指明方向。

本套教材的内容涵盖了工作室教学模式的诸多特点，由产学研一体化形成的综合性功能、由责任制形成的自我制约机制和由师生共同参与而成的团队合作是工作室教学模式的三大特点。这些特点说明工作室教学活动的实践性和研究性均是在系统理论的框架内完成的，因此其课程设计具有严密逻辑性和系统性。在编写的过程中，我们力争做到信息全面、内容丰富、资料准确，追求以前沿的意识更新知识的观念，解决目前艺术设计教育现实的难点，力争以研究的态度，培养学生掌握课题的能力。同时，在教学实践方面，书中融入了所有作者多年的教学实践、设计实践心得，既有优秀科学的训练方法，又有学生实践课题饱含的智慧。

感谢江南大学设计学院历届参加工作室课题研究的同学们，他们的积极参与给视觉传达工作室教学实践环节提供了大量优秀的设计作品，这些优秀设计作品成为本套教材中最具有实际意义的教学资料，为广大读者提供了有趣的启迪。教材建设是一个艰难辛苦的探索历程，书中的不足之处还恳请专家学者批评指正，也希望广大同学朋友通过学习与实践提出宝贵的意见。感谢参与本套教材编纂的全体老师，感谢江南大学设计学院视觉传达系，特别感谢为本套教材提供鲜活案例的视觉传达系历届同学们！

江南大学设计学院

陈原川

写于无锡太湖之滨

目 录

本书的编著，是著者基于对现代包装设计的现状以及对当代包装设计教育进行的一次新的思考。本书着眼于对未来包装设计发展趋势的探讨，不仅体现在书的内容与形式上，更体现在设计思维和教学观念上。以现代包装设计的视点，结合国际包装设计的案例，联系自身的认识和感受并通过具体的教学实践完成。

本书的付诸出版，得到了中国建筑工业出版社的大力支持。同时，江南大学设计学院的领导和同仁也给予了热情的帮助，在此一并深表谢意。感谢江南大学设计学院视觉传达设计专业的同学为本书提供了优秀的作业范例，感谢刘颖、赵亭亭同学为本书排版和图片整理所做的辛勤工作。限于编者的经验和水平，书中难免有疏漏与不足之处，恳请有关专家、同行批评指正。

第1章 包装设计的基本概念

1.1包装的定义

包装设计，英文为Package Design，是一门独立的自成体系的系统学科。它受经济发展规律的支配，有其社会属性，同时又有其自身发展的规律和特性，是设计艺术与其他学科内容的相互补充与综合。包装是为在流通过程中保护产品，方便运输，方便储存，促进销售，按一定的技术方法而采用的容器、材料及辅助物的总体名称。由于社会经济的发展、科技的进步、文化艺术的发展，人类所需求的精神与物质生活会发生变化，包装设计的概念也会随之发展和变化。许多优秀的包装正是科学与艺术、物质与精神的各种因素相互联系、贯通、渗透的综合。

琳琅满目的商品充满着我们的现代生活，各类产品通过包装设计传递各式各样无声的商品信息，吸引着络绎不绝的顾客。在这里没有推销员，商品能否畅销，很大程度上取决于商品的包装。“包装是商品无声的推销员”，这足以说明包装设计的重要性。

图1.1

包装的结构、选用的材质以及色彩的表达，表现了休闲食品自由轻松的产品属性，简洁的包装是现代包装的一种基本样式

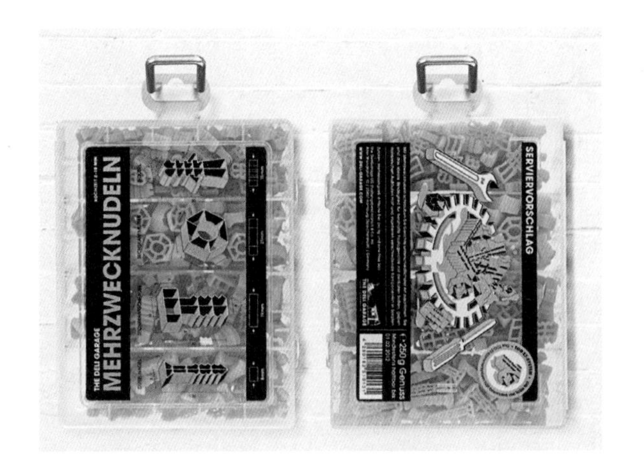

1.2包装的分类

随着产品类型的不断增多，商品包装的类型也在朝着多样化方向发展，在不同的情况下有不同的分类方法。

由于运输、堆放、陈列、销售的不同要求，根据贸易实践的统一规定，包装可分为：运输包装和销售包装两大类。运输包装：就是商品的外包装，又称保护小包装的大包装。生产商为了方便计数、仓储、装运的需要，把单体包装集中起来装成大箱，这就是运输包装。它通常不与消费者直接见

繁花锦簇，含苞待放，清新脱俗的感觉让人们沉醉其中

图1.2

面，一般运用箱、袋、桶等容器，对商品做外层的保护。它要求坚固耐用、使用率高，在一定的体积内合理地容纳更多的产品，并且加上标志和记号，标明产品的名称、规格、数量以及防火、防潮、易碎等，以利于运输、识别和贮存。销售包装：相对于运输包装被称为商品的内包装，也称小包装，就是装产品的包装。内包装是紧贴着产品的包装，必须考虑产品的特性以及选择适当的包装材料和盛装容器，防止不良因素的侵蚀，从而保护商品。这类产品包装往往在卖场中摆在货架上，供消费者选购，从生产到消费者使用结束的全过程，始终起着保护、宣传、识别、携带等作用，是商品与消费者沟通的桥梁。

根据包装的物品来分类：可分为食品包装、化妆品包装、药品包装、电子产品包装、文化用品包装、工艺品包装、五金类包装等；从包装设计形态来分类：小包装、中包装、外包装、系列包装、组合包装等；从包装的使用材料来分类：纸盒包装、木箱包装、金属包装、塑料包装、玻璃包装、陶瓷包装、复合材料包装等；从包装的加工技术来分类：防潮包装、防水包装、防辐射包装、防腐包装、防振包装、抗压包装、缓冲包装、真空包装、压缩包装、冷冻包装等。

图1.3　图1.4

图1.3　可人的形态，鲜艳的色彩，都令人有垂涎欲滴的感觉。色彩与产品本身有强烈的呼应

图1.4　樱花鲜艳的色泽被初春的嫩绿衬托出来，春意盎然，栩栩如生，商品的情感属性顿时显现

1.3包装的目的

包装的直接目的是在销售的过程中容纳、保护产品。然而，今天其目的被广泛地拓展，从而包括了一系列的功能和用途，这与现代零售业的销售体系和模式所给予的压力有着极大的关系。这就要求现代包装的目的从单纯的保护商品，演变为直接参与市场竞争、促进销售的有力的手段，从而肩负起更多的使命。

■容纳产品

包装所面对的产品种类是纷繁多样的。包装设计首要的目的就是要能够容纳产品，产品的包装要能够解决不同性质状态（固体、液体、粉末状等）产品的容纳问题。例如，包装必须防止液体、糊状的产品渗漏。产品渗漏的结果是产品的毁坏和顾客的不满意，如果产品是腐蚀性的化学物质，如马桶清洗剂、杀虫剂等，就会带来更严重的危害。

■介绍产品

在信息传达方面，包装扮演着重要的角色。从包装上的视觉各要素，使消费者认识商品的内容、品牌、产品名称、重量和体积、成分与配料、如何储存、保存期限、环保标志、条形码等，生产商必须依照相关法律规定给出产品所有的信息。包装的信息贯穿整个销售网络，条形码被广泛地采用，它将大量的包装信息浓缩成一小块，供计算机读取。条形码不仅能够鉴别商品，还能控制货物的库存，帮助商家准确地掌握商品的流通信息。总之产品的包装要肩负起产品无声宣传者的责任，并能够很好地配合产品的销售。

各式的瓶形，简约的字母与产品本身的结合简约精致，提升了整体的品质感

图1.5

图1.6

晶莹剔透的感觉颇显华贵，瓶体以镂空瓶贴进行装饰，使得香气似扑面而来

■激发购买欲

商品最终的战场是在销售场，如何与竞争品牌一争高低，如何创造出最佳的视觉空间，是包装设计的重要考虑因素。首先，产品与包装必须完美地结合才能引起消费者的注意；其次，要使包装的功能更具针对性，并给人留下深刻的印象，使消费者对包装的功能一目了然，因为此时是消费者决定购买的关键时刻。在包装上附加一些关怀性的文字。如正面的宣传、倡导信息等，借此与消费者产生良性的互动以提升品牌的形象。包装设计与广告语的搭配，能够使消费者的记忆较为深刻，进而从形形色色的商品中脱颖而出。

图1.7　高度密封的包装容器可以适应各种贮存环境，以达到最大限度的保鲜功能
图1.8　简单的包装、鲜活的外形给人以强烈的视觉冲击力，能在第一时间抓住消费者的眼球，在众多包装当中脱颖而出

图1.7　图1.8

■保证产品在保质期内免受损坏

生产、运输、销售、购买、使用，商品的包装要经历各个环节，到最后使用者把包装丢掉。绝大部分产品可能受到损坏的关键时期是在运输这一阶段，储存、传送和运输产品的过程可能损坏到产品或包装，结果使产品留在货架上卖不出去。甚至有些轻微磨损的纸盒，或稍有挤压的饮料瓶都会使消费者放弃，转向购买更完整干净的产品。食品和饮料占包装总数的比例很大，消费者希望它们在产品保质期内保持卫生和安全。在此，包装起到了重要作用，使产品处于良好的卫生状态中。这种保护作用对于化妆品、医药用品、清洁用品也非常重要，它们必须保证在储存或使用中不变质。精明的消费者对商品会因最轻微的损坏而怀疑其质量，甚至对品牌丧失信心，转而把注意力投向其他商品。

图1.9 产品的包装在外表亮丽的同时需具有保护性功能

1.4包装的功能

通过“包装”，使产品便于储存、计量、计价及携带。产品从产地到达消费者手中，需经过包装处理才能组装及运输至卖场销售。包装的职责就是在履行封装、防护、储藏等功能的同时，将商品送达指定的商场，最终送达使用者手中，并保证消费者安全便捷的使用。由于产品种类的不同，包装功能的重要性也相对不同。现代包装设计所需要考虑的功能是多方面的，归纳起来，主要有以下几个方面。

■保护性

保护产品是包装最首要的功能，保护产品是第一位的，包装是产品无声的“卫士”。再好看的包装不能起到保护产品的功能都是失败的。产品从生产领域进入流通领域，经过多次装卸、搬运、储存等各种作业，由于运输工具的冲击振动和碰撞，可能造成商品的破损等；或者在商品堆放时，相互之间的压力可能会造成产品的变形；或者由于存放处的温度不当，或空气潮湿，会使产品加快变质；商品还会受到人为的破坏，以及非法窃取等。

1998年，在英国包装和环境产业理事会和包装协会共同制定的法律中规定，包装设计必须将偷窃和破坏行为所带来的损害降到最少。在抵抗光线、抗氧化等方面，许多国家已有明确的法律规定，某类产品必须采用特定的包装材料，以防止产品变质。由于商品的属性与需求的不同，有时为了保存商品，延长商品的寿命，包装的保护性功能往往胜过外部的装潢设计，甚至必须付出更多的包装材料成本，让消费者在使用商品时减少时间和空间的影响因素。当今社会生活节奏加快，消费者通常是在必需的情况下去卖场采购食品，依靠包装延长产品保质期的方式变得越来越重要。由此可见，包装在保护产品方面充当的重要角色。

采用新颖的插画方式和图形方式，给人亲切舒适的心理感受

图1.10

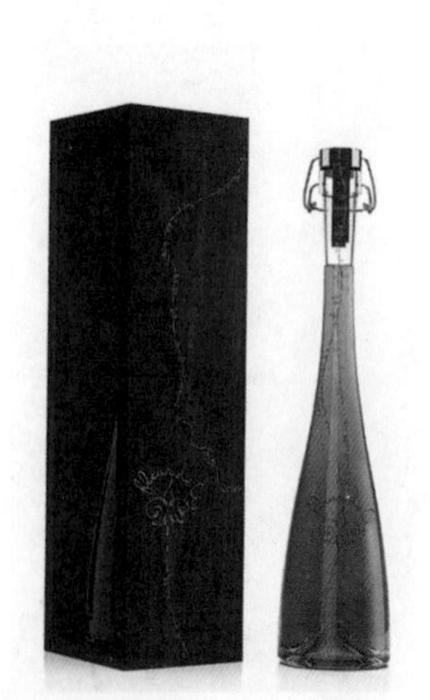

■安全性

包装的安全性主要体现在以下三方面。1). 包装材料的选择上：包装材料的选择要符合卫生标准，必须是对人体无害的绿色包装材料，应使用可降解性的材料，便于回收和循环使用，防止环境污染。2). 防伪方面：目前市场上的假冒伪劣产品有两种现象，一是在原包装中直接装入假货；二是剽窃有名品牌的包装设计，复制以后，装入低劣的产品。目前许多生产商，从自身利益和为消费者负责的角度出发，使用了独特的编码、安全封条、防伪标记等措施，以确保产品的安全。3). 儿童、老人使用的安全性方面：孩子和老人是商品使用的特殊人群，在包装设计中，将这一因素考虑进去是非常

图1.11 以简洁幽默的卡通画面作为产品的形象推广，颇具亲和力

必要的。玩耍是孩子的天性，除了玩之外，他们还会对周围的许多东西感兴趣，包括很多家庭的日常用品。像一些有腐蚀性的洗涤剂、杀虫剂或是有些装有药品的包装，一旦被孩子打开或食用，后果不堪设想。因此，需要考虑所要包装产品对儿童的潜在影响，并决定该产品是否需要采用儿童安全包装设计，这种包装的设计既不能够被儿童开启，又不能够妨碍成人的正常使用。由于老年人对事物反映的迟缓，以及受体力、视力等因素的影响，在设计产品包装时应尽量保证老年人能够正常使用。如今，消费者对安全消费的需求越来越高，设计师在进行包装设计的时候必须将安全性这一重要问题考虑进去。

图1.12　色彩形象活泼有趣，独具个性
图1.13　用透明的瓶体配以优雅的曲线，饮品的品位悠然提升

图1.12
图1.13

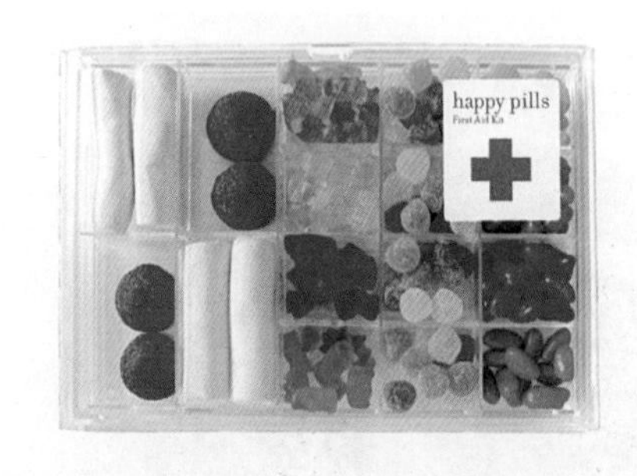

■自我销售和促销性

商业包装在商品和销售中起媒介的作用，随着超市的普及，包装装潢的视觉效果受到重视。包装设计注重商品信息的传达和形式的多样化，让商品自己推销自己，包装与消费者做面对面的直接沟通。好的包装设计必须准确地提供商品信息给消费者，并且让消费者在快速的浏览过程中，一眼就能选出哪个是我所需要的，使商品达到自我销售的目的。包装要向消费者传达产品的类别、性质、容量、使用方法、保质期等信息，以引导消费者的购买行为。

包装综合了图形、文字、色彩、造型等要素，履行一个重要的功能——促销。在节日或新品上市等一些特殊的时间段，通过对商品进行与之相符合的销售策略的设计，来吸引消费者。为了告诉消费者商品的促销信息，有时为了配合促销的内容而重新对商品进行设计，比如新年礼盒装、节日特惠、加量不加价、买一送一等促销活动。

图1.14 集结的产品包装犹如整齐划一的绅士队伍，在让消费者会心一笑的同时，加深了对产品的印象

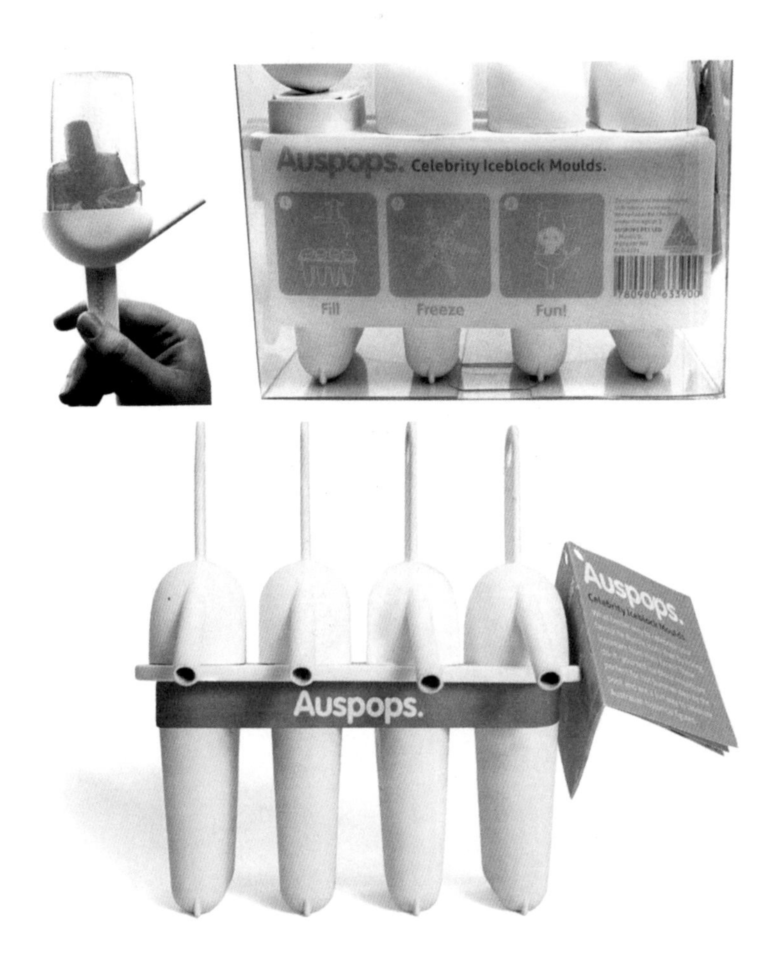

富有创造性的可爱形象总是让人产生喜爱之感，甜甜圈与碟片的结合更是大大增加了产品的趣味性

图1.15

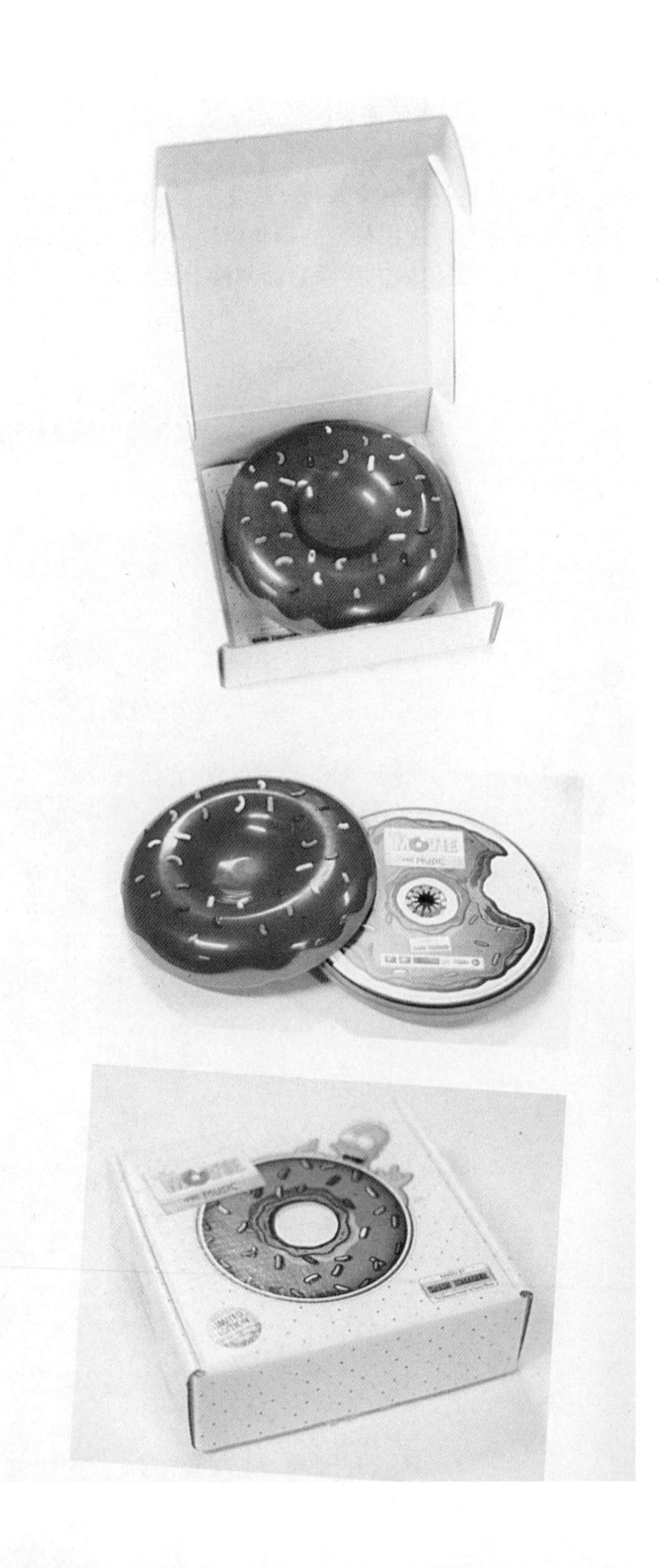

■为商品创造附加价值

在竞争激烈的消费市场里，包装设计肩负的责任更为广泛，不但商品有价值，包装也是有价值的，包装为商品创造附加价值。包装设计作为创造商品附加值的方法，被商家和设计师所追寻。有时，包装比盛装在里面的产品还重要。包装从古代的贮存功能，发展到近代的流通媒介，如今已成为当代市场销售竞争的有力武器，其功能变化反映出现代包装所具有的物质和精神的双重功能属性，包装的附加值在加大，包装的功能有了新的含义。这是科学技术发展，消费价值观念发展的必然结果。

包装设计赋予商品附加价值的功能，主要表现在包装设计寻求功能与成本之间最佳的结合点，以较小的代价取得尽可能大的经济效益和社会效益。在包装的目标要求、市场要求、销售要求、材料要求、结构等要素的合理选用与商品生命周期间的配合，要形成最佳的组合，以免造成资源的浪费，增加企业的无效投入。要避免过分包装或过弱包装，以获得最佳的综合效益而赢得市场。

图1.16 精彩逼真的喜鹊作为酒瓶的包装，带人进入自然的意境

设计师必须具备综合的分析能力，来对包装设计的价值进行分析，保证企业产品以最小的投入获得最大的效果，增加产品的附加值，从而受到企业和消费者的欢迎。

包装设计是品牌形象的延展方式之一，包装赋予商品附加价值还体现在传达商品文化、提升品牌形象方面。消费者从包装的视觉要素中，对企业文化有一定的认识与了解。因此，产品的包装需与企业形象相符合，使消费者在购买商品的同时加深对品牌的印象与认知度。

挖掘包装的附加功能，也是包装为商品创造附加价值的体现。商品使用后，包装可再次利用或做其他用途，选用高质量的材料，延长其服务的周期。例如，大量乳品饮料的瓶子在使用后被收回重新灌装。面巾纸的纸盒包装，除了包装产品外，在面巾纸使用的过程中图形漂亮的纸盒又很好地担当了纸巾盒的功能，是包装附加功能开发的好例子。

简练方正的瓶体，让产品在庄重高贵的同时又不失典雅

图1.17

图1.18

具有对产品的保护性和运输便捷性的同时，又让产品拥有了原生态的自然外观，包装的奇妙之处恰恰在此。另外，包装盒还可以作为收纳使用，很好地挖掘了包装的附加功能

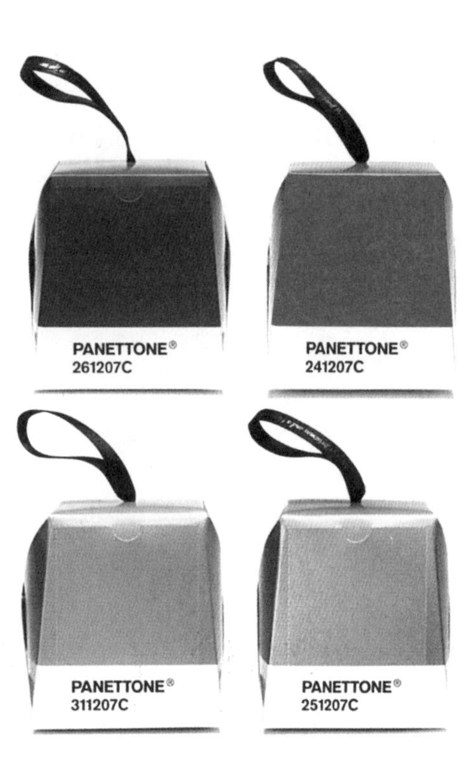

■影响消费心理

商品本身特征的商品形象色对商品类别的视觉印象已经在消费者心理形成了比较固定的认识，颜色与味觉的心理也有一定的关系，比如说红色代表着喜庆、热烈、辛辣等。消费者的心理定势对包装设计有着相当大的影响。根据相关的对购买行为的研究，超过一半的人是受包装的刺激才做出突发性购买行为的。人们都有追求时尚的心理特点，这种心理特点会造成消费者的盲从。商家靠包装吸引消费者，刺激他们的购买欲望。因此，商家在竞争中就更注重通过包装设计来争取市场份额，这也为包装设计的发展提供了有力的背景支撑。

如今已经进入了个性化消费的时代，商品的品质和个性成为消费者的首选，包装设计也更趋向于个性化。以日本“无印良品”的销售连锁店为例，其包装设计的风格极简，所有的商品都能使顾客尽量看到实物，感受到商品本身的优良品质。同时，在包装材料的选择上，以再生材料为主，突出企业的环保意识和社会责任感，受到青年人的喜爱。

图1.19　柔和的色彩，曲线的盒体形态呈现出素净淡雅的质感
图1.20　复合人体工学的瓶体设计，触感温润柔和
图1.21　巧妙的镂空让产品形态跃然眼前，消费者在被外部包装趣味形态打动的同时，直观地了解到了产品自身的优秀品质

图1.19　图1.20
图1.21

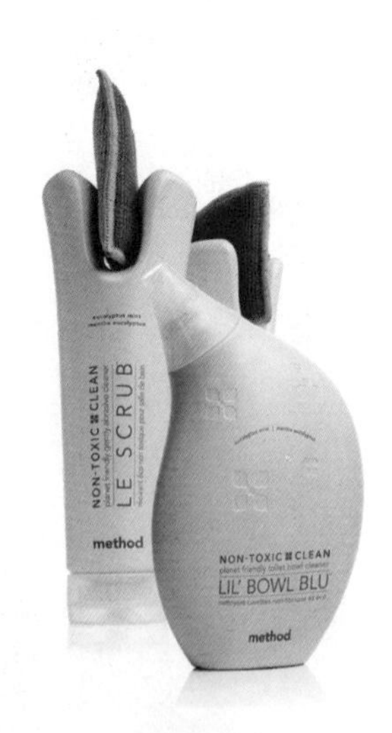

第2章 包装设计的历史沿革

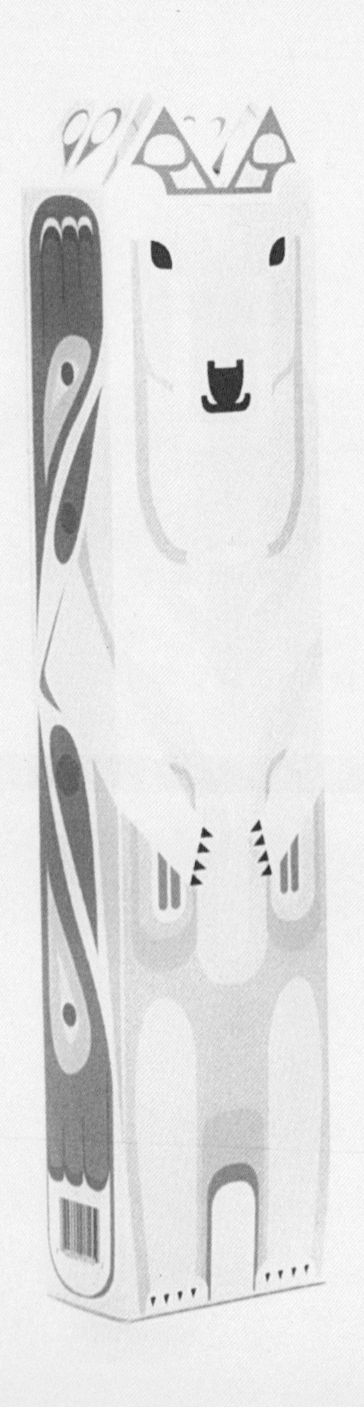

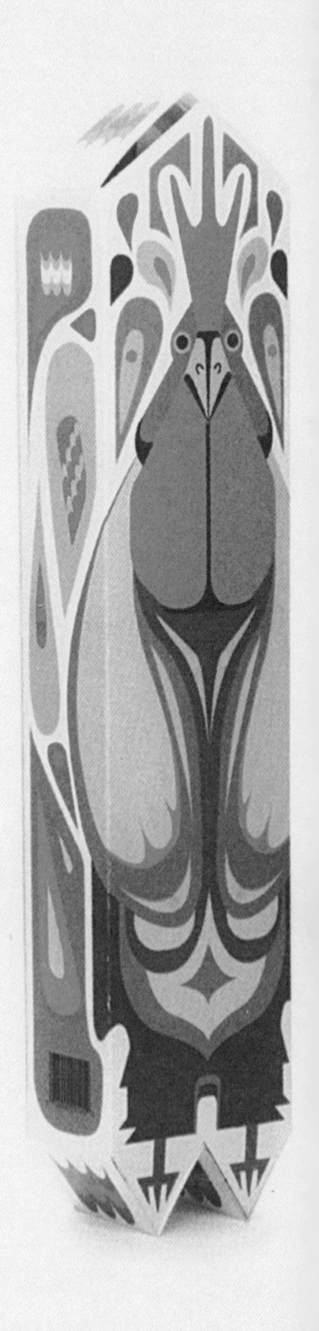

2.1早期的包装设计

从远古时代开始，经过很长的一段历史时期，人们以不同的方式制作和运用着不同的包装，对包装的形式和功能有了一定的认识。原始形态的包装最初只是一种自然现象，人们将大自然赐予的竹、木、各种草、植物的茎叶、动物的毛皮等天然材料包装物品，做成盛放和贮存的器物。早期的包装利用各种天然材料，这一方面是当时生产水平所致；另一方面是在满足了生活需要的同时，有意无意地保护了自然的生态环境。天然材料可以迅速地化解回归自然，并且可以反复地利用。早期的包装虽然在材料与结构上较为简单，但却不乏经典的设计。这使我们不得不为包装的不朽创造而赞美人类的聪明才智。例如流传了几千年的粽子，时至今日依然沿用苇叶包裹着糯米，是端午节不可缺少和替代的食品；用荷叶包装的食品保持着荷叶的清香，也是至今人们喜爱的食品之一；运用蛤蜊壳包装的蛤蜊油在很长时间内是中国老百姓的日常生活用品。中国的少数民族用竹筒盛装食物，既可装大米，又可以储藏、携带，还可以直接煮或烤，一举多得。

图2.1
图2.2

图2.1 苇叶包裹着糯米，是端午节不可缺少和替代的食品；用荷叶包装的食品保持着荷叶的清香，也是至今人们喜爱的食品之一
图2.2 印有古典花纹的独特宝盒形态无疑将消费者的思绪带到传统的年代

从新石器时代出现陶器作为贮存物品的容器以来，就产生了包装的概念。陶器的出现，是古代包装史上的巨大进步，它是最早的人造包装容器。容器的发展历史悠久，它对包装的产生也起到了至关重要的作用。我国古代劳动人民用智慧、勤劳创造出形态优美、样式繁多的容器。陶器、瓷器、漆器、青铜器、金银器、石器、玉器、木器等各种材料的器皿，都曾被作为容器来应用。另外，古埃及人早在公元前3000年前就开始吹制或以手工方法熔铸玻璃容器；古代欧洲人对木材的使用很擅长，很早就用木板箍桶来酿酒等，各种不同的文明都有其擅长的一面。通过人类的加工制作，已经改变了原料本来的属性，获得了许多新的特性，包括耐用、防腐、防虫、可塑性等，因此被大量地制作和改进。特别是有了商品交换以后，包装就成了商品的一部分。最初的包装是为了保护产品，便于储藏和携带。随着生产力的提高，人类进入了一个新的历史发展时期，农业和手工业的社会大分工和科学技术的进步，使专门从事商业的人开始出现，从而推动了商品交换的发展。出于商品交换的需要，人们对商品包装的设计和研究进入了自觉的阶段。

上下五千年的文化传承，保留下来的优秀艺术作品不胜枚举

图2.3

图2.4

繁华浓烈的藏式色彩为包装增添的不仅仅是鲜明的地域特色，更是中国悠久的文化积淀和源远流长的传统文明的展现。特异的外部形态用来烘托浓郁的色彩，相得益彰，将民族文化纯粹地重现出来

2.2包装的功能与形态演变

古代劳动人民在长期的生产生活中，运用智慧，因地制宜，从身边的自然环境中发现了许多天然的包装材料。例如，用葫芦装药盛酒，在古代被普遍应用。葫芦外壳坚硬，保护性好，也能起到良好的防腐、防潮作用。外形美观，便于携带。如今，葫芦作为包装材料已经极少被使用了，但是它的造型经常被用到产品的包装设计中。

竹、藤、草也普遍被当作包装材料应用。在明代《野获篇》中记载了对易碎品瓷器的运输所采取的一种绝妙方法："初卖时，每器内纳沙土以及豆麦少许，数十叠辄牢缚成一片，置之湿地，频洒以水。久之则豆麦生芽，缠绕胶固，试投荦确之地，不损破者以登车。"这种方法将植物的特性在包装设计上运用到了极致，充满了智慧，令人叫绝。

古人在包装设计中追求形式与功能的完美统一，用材合理，制作巧妙，造型美观。古代劳动人民通过掌握天然材料的特性并科学合理地应用于包装的设计之中，对于今天的包装设计具有很大的启迪和借鉴作用。

图2.5　茶作为中国最传统的饮品之一有其独特的传承底蕴和历史意义。包装在保留其原有的古朴特质的基础上辅以明快的色彩，更为产品增添了几分时代意义
图2.6　俏皮可爱的瓶形，鲜艳明快的色彩，往往给人印象深刻，作为饮品来说，这无疑是瞬间吸引消费者的绝佳途径

图2.5　图2.6

图2.7

对食品类的商品包装而言，外观形态和色泽对消费者的吸引是至关重要的。通过色彩意向来传达产品本身属性的包装手法在当代包装设计中屡试不爽。在满足运输、贮藏功能的同时，或优雅或俏皮的形态也是产品的推广策略之一

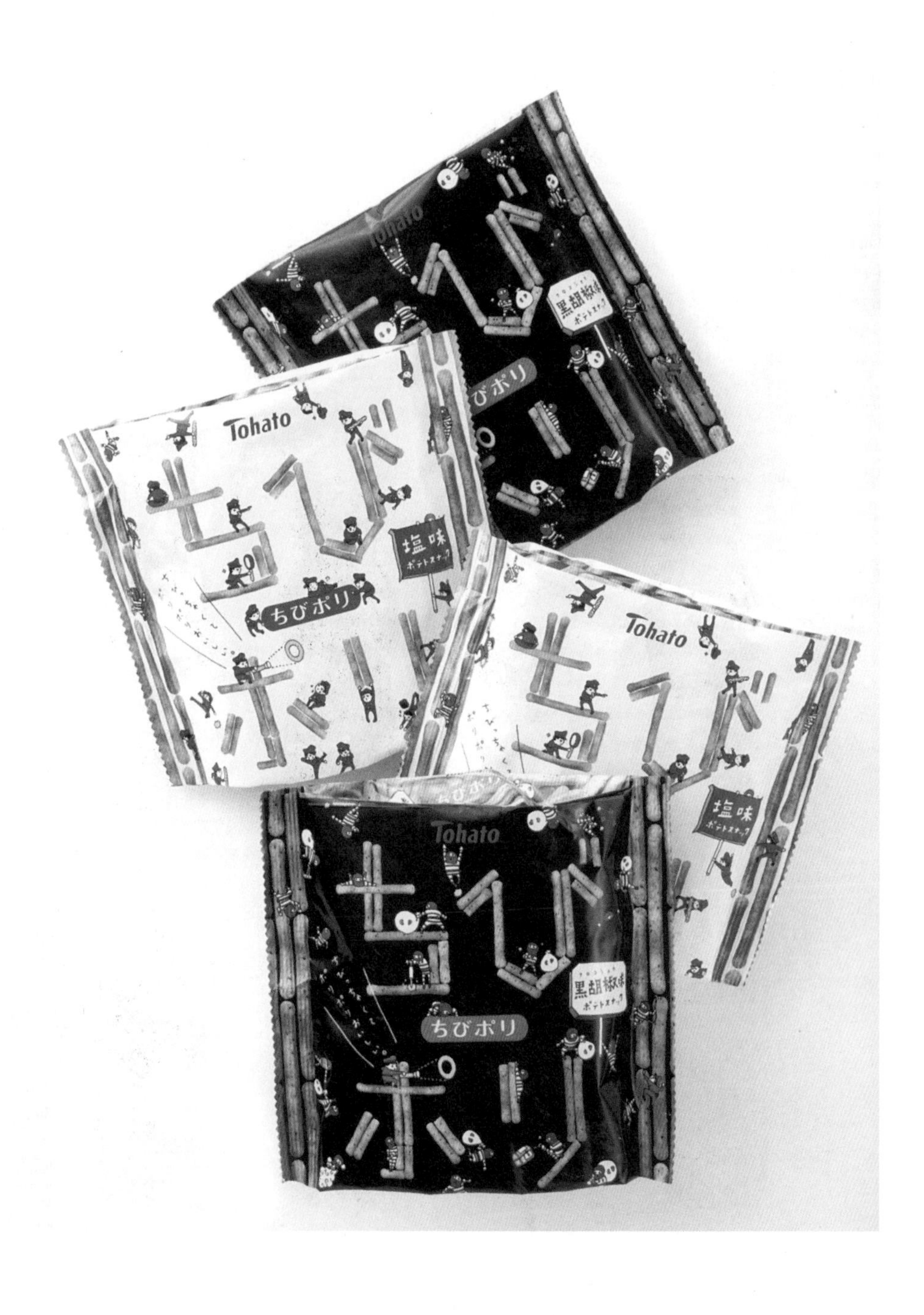

2.3商业的出现与包装设计的发展

战国时期，在《韩非子》中记载了“买椟还珠”的故事，讲的是一个不识货的郑国人以高价买去了华丽的装珠匣子，而将珠子还给了商人。这也从侧面说明了当时商业上对包装的重视，以及当时包装水平对消费者的吸引力。

在过去的两个世纪里，顺应商业的需求，包装以人类加工制造的形式蓬勃发展。虽然包装总是被用来保存产品，但如今其发展比历史上任何时期都更迅猛。包装是我们认为理所当然的东西，它既能作为一块可携带的广告牌、一层保护壳、一种告知方式，甚至也可以作为产品的一部分。当今世界具有先进的交通运输、分销网络和零售业，人们变得完全依赖于包装——将商品安全可靠地从制造地点带出，经零售市场，带入需要使用的地方。

现代化的插图增强了产品的时代感，在符合产品本身性能的基础上，平添了几分生趣

图2.8

包装成为传达商品信息的视觉媒体，通过包装可以传达商品的类别、品质、属性、成分、价格等。可以说，包装是现代社会商品活动不可缺少的重要载体，是在现代商业、科技影响下的产物。其独特的造型、精美的材料、印刷工艺的发展和先进的科技手段，使商品的包装具有防振、防潮、保鲜、杀菌、避光等多方面的功能。

人们今天所了解的包装，起源于18世纪末的工业革命，在当时为制造业带来了巨大变化。在那以前，依赖于人力和小批量生产，大规模机械的引进不仅应用于商品本身，也应用于包装上。纸板盒分量轻、印刷方便，以及可压平的结构节省空间而被广泛地使用；金属盒也在这个时期大规模地发展，它是纸板盒有效的替代品，尤其是对于一些容易变质的产品，如饼干、糖果等。食品首次装进了密闭卫生的金属容器——罐头。进入20世纪，制造技术的发展足以使金属容器以各种造型出现，并且在计算机辅助制造技术的发展推动下，人们所熟悉的第一批新颖包装产生了。

图2.9

虽说“酒香不怕巷子深”，但优秀的瓶体包装却可以拥有比嗅觉更加直观的吸引力。鲜艳明快的配色，栩栩如生的动物形态，加以随性富有张力的纹理，让酒的品质跃然纸上

造纸术和印刷术的发明是中华民族对世界文明所作出的重大贡献。印刷术的发明大大拓展了包装的销售功能。中国现存最早、最完整的印刷包装是宋代（公元960–1279年）济南刘家功夫针铺的包装纸，上方刻着“济南刘家功夫针铺”的铺名，中间是一个白兔的图形标记，两边刻着“认门前白兔儿为记”的字样，四寸见方，铜版，下面还有一些关于商品及销售方面的说明，是集包装、广告于一体的典范。印刷术为顺应包装技术的发展而求新求变，不论用何种材料，品牌形象必须在容器上显现出来。玻璃瓶、陶罐、纸板盒、罐头等，任何包装都需要各种形式的标牌加以识别，这对于原本普通的商品来说有着极为深远的影响，商标赋予其品牌价值。例如，有些食品包装盒上的图案，往往比产品本身更具有吸引力。随着彩色印刷术的发展，设计师们能够为产品设计形象，而这种形象通常可以成为产品的特征。如今，品牌特征和产品本身显得同样重要，并且对消费者的购买起着关键作用。

图2.10　惊艳的色彩往往是对消费者第一感官的瞬间吸引
图2.11　“认门前白兔儿为记”，早在宋代，我国最早的包装已经有了朦胧的品牌意识

图2.10　图2.11

图2.12

水乃生命之源。毋须多加雕饰，水自身的纯净就是对产品最好的推广策略。晶莹剔透、简单纯粹，令人有种置身自然的陶醉之感

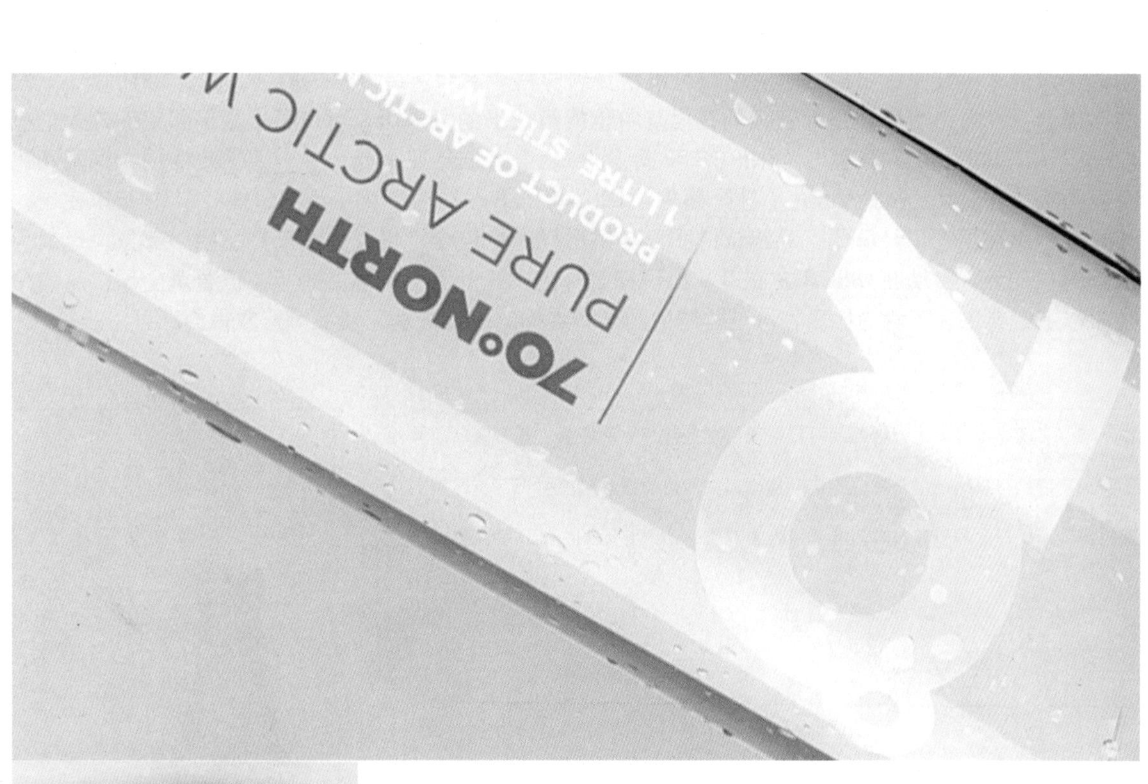

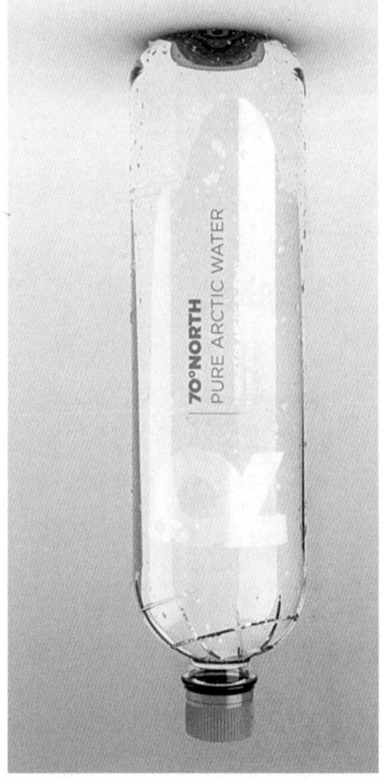

当今世界，消费市场无数价值观并存，“形象”成为商业中重要的因素，现代社会以“形象消费”为特征，包装如何赋予商品某些含义成为设计的关键？包装设计必须充分了解消费心理及市场动向，并预测潜在市场，满足社会不同层次人群的各种不同需要。例如，给人以凉意的、具有曲线美的可口可乐玻璃瓶，深受总统和电影明星的喜爱，同时也被赞为全球最受认同的包装之一。20世纪初这一设计最早被设计出来，那时可口可乐常受到对其产品和包装模仿的威胁。因此1916年，一段文字出台：“可口可乐瓶是即使人们在黑暗中也能辨认出的可乐瓶，可口可乐瓶是即使破碎人们也能一眼认出其形状的可乐瓶。”1886年亨氏（Heinz）番茄酱在大西洋另一头伦敦的福特纳姆和玛森百货商店（Fortnum&Mason）进行销售。1901年，第一批烤菜豆在英国销售并于1905年在伦敦建立第一家英国工厂。鲜明、易辨认的图形与拱形标志的组合不仅成为亨氏产品的一部分，也成为品牌的一部分。自从在1880年左右首次出现在商标上，这一世界知名品牌标志已誉满全球，家喻户晓。以上经典包装实例的代表，通过鲜明的图形和结构的设计成功，使品牌形象得到认可。

图2.13　多次夺得包装设计桂冠的可口可乐无疑是包装界的经典。其带来的品牌效应已经远远超出产品本身

图2.14　隐约可见的英挺身形、厚实的盒体，在简洁的设计风格引领下，让消费者不经意间对品牌本身产生了深刻的印象

图2.15　亨氏产品的包装在满足其保鲜的功能性之外很好地推广了品牌文化，大大增强了企业的识别效力

图2.13
图2.14　图2.15

2.4影响包装设计发展的形态因素

包装设计的发展过程也是包装形态的发展历程，每个阶段的包装都具有那个时代鲜明的烙印。新材料的涌现、制作技术的改进、营销策略的变化、新产品的诞生、消费形态的改变等都是影响包装设计发展的因素。甚至人们的生活观念、审美情趣的变化也会对包装形态产生影响。充分了解包装形态的发展因素，对于准确把握设计理念，着眼于未来是非常有益的。

■新产品技术的需求

新的产品形态的诞生，对包装设计提出了新的要求。例如医用的采血袋，血液中的活性细胞需要“呼吸”，所以为了保持血液的新鲜，包装材料采用了具有透气性的盐化聚乙烯塑料袋，这种材料柔软、透明、易加工，与输血管的接着性好，卫生检验也很便利。

随着人类文明的进步，新产品的不断涌现，更有些新产品所涉及的是人类以前从未触及的新领域。这些新产品对包装设计也提出了新的挑战：如何保护、保存这些产品，如何让它们安全地进入流通领域，又如何能在商业销售上取得成功，这些课题促进了新材料、结构等方面的不断更新，以适应新产品的时代需求。

图2.16 图2.17

图2.16 当产品本身的固有形态与要表达的精神意志有所距离时，运用包装的外形进行调试往往是最佳选择，这就是男用香水瓶体的魅力所在
图2.17 商业化的时代，简洁和意境已经成为包装设计的重要理念

■消费形态的发展

消费形态的变化对包装设计产生着重要的影响，包装设计是为消费服务的。今天人们的生活形态和消费形态都在发生着很大的变化，像POP包装、便携式包装、易拉罐、压力喷雾包装、真空包装等新形态的出现，都是消费需求导致的结果。

随着人们生活节奏的加快，商品包装更加要求体现便利、简洁。尤其是食品类，大量的半成品、冷冻食品、微波食品涌现出来以适应人们生活节奏的变化，包装设计也随之在结构、材料、功能上配合着这种变化。比如随着微波炉的家庭普及，微波食品也越来越多，使用便利，可以适合微波炉直接加热的各种包装材料不断出现。

如今网络时代已来临，互联网给人们的生活带来了极大的方便，网上交易、网上购物这种新的消费形态也已经渐渐被越来越多的人所接受，随之而来的包装设计也必将会面临着大的改变。各种消费形态的变化，都会给包装设计提出新的课题和挑战。

图2.18　为了让产品更加符合青少年受众群体的需要，卡通形象纷纷被运用于产品包装领域，让消费者可以在见到包装的同时就产生心理认同感
图2.19　瓶贴形象生动有趣，让人产生置身其中的感受
图2.20　便携式包装在为消费者提供便利的同时，充分体现了设计为人类舒适生活所作的贡献

图2.18　图2.19　图2.20

■营销策略的变化

在激烈的市场竞争中，由于技术的进步和市场的逐步规范，产品从质量上已经逐渐趋同，在这种情况下，必须找到商品的个性所在，或者是创造个性争取消费者，也就是要找到商品的卖点。营销策略往往会抓住消费者心理的一些变化进而推陈出新。

图2.21

咖啡的品质贵在醇正、浓郁，速溶咖啡也不例外。消费者特别需求单支式包装，其为我们带来了便利，更加适应快节奏生活的需要

将手表这一概念引领成一种时尚的最有可能是斯沃琪（Swatch）。但化石（Fossil）也很快进入了市场，并将其产品定位成一种有着精美包装的完美产品。霍尔（Hale）在和公司创始人讨论能够表现化石品牌美国传统精神的包装时，产生了听子的想法。在19世纪初的时候，商人们常用听子来包装，所以，在零售业中这是一种通用的语言，但在塑料包装发明后，就逐渐被淘汰了。听子的设计强化了怀旧的美国主题，其次还有销售后的价值。在设计时，考虑到废物利用和生态环境的绿色主题，为什么不生产一些人们不会扔掉的东西呢？后来，这一设计创造了一种独特的销售环境，在手表柜台上显得十分与众不同，在销售的现场又给产品加了分。听子已经成为化石手表的名片，人们本能地感到这听子对他们很珍贵。特别是在美国，人们真的对这种设计怀有很深的感情。

汽车听子最早于1991年发行，目的在于拓展听子的概念，同时用这种20世纪40年代的玩具包装来强调品牌形象。这一举措也有利于在零售时吸引顾客的注意

图2.22

图2.23
图2.24 图2.25

图2.23 金色的外部包装形态使巧克力拥有了贵族气质，简单的圆环式结构在美观的基础上很好地达到了锁住包装盒体的功能性效果。
图2.24 从环保的角度出发，大量再生纸张的运用无疑是让人对商品产生心理认同感的重要因素
图2.25 果汁非酒但依然可以让人为之沉醉。个性的瓶形活泼却不张扬，扎实中富有变化

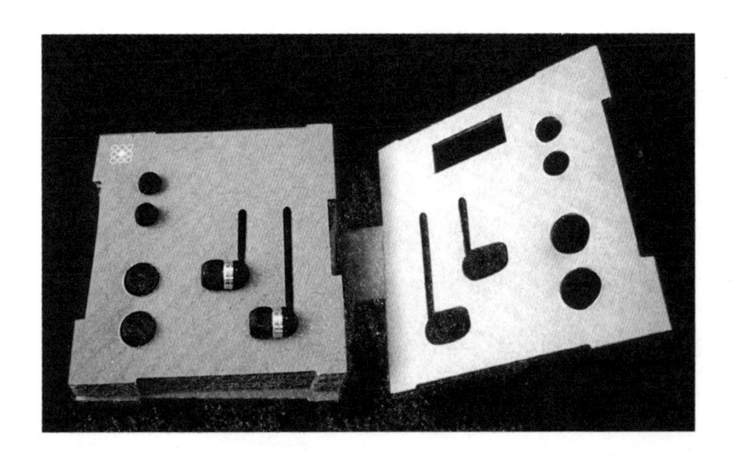

图2.26　三角的纸质结构给产品良好的支撑，使用之后便于收纳
图2.27　异形的瓶贴很好地突破了原本的呆板，素描绘制的插图生动趣味，瓶颈与瓶身相呼应
图2.28　连贯的杯子，附上相同的杯套，轻松的插画形式总能带给人休闲舒适的感受

图2.26　图2.27
图2.28

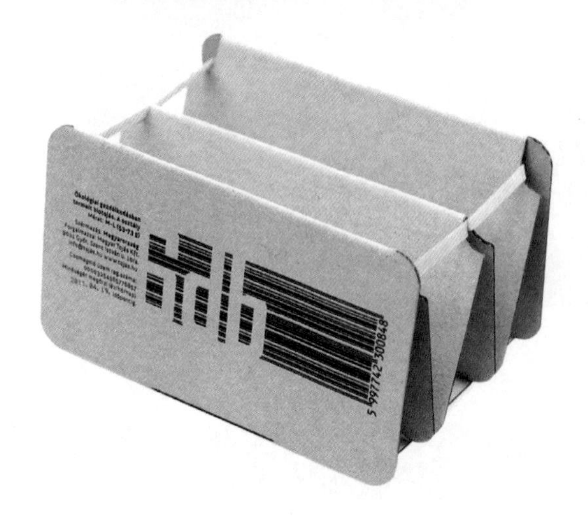

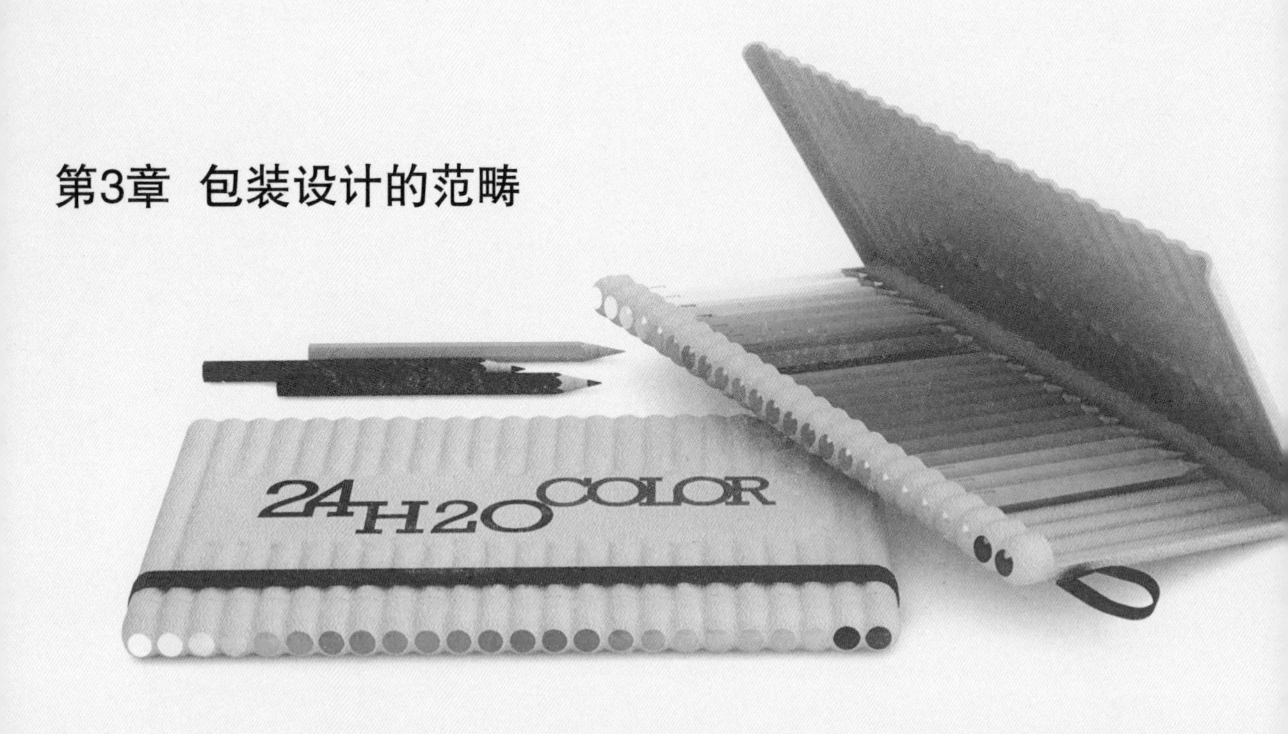
24 H2O COLOR

24 H2O COLOR

3.1包装设计的范围

包装设计的范围一般包括：包装容器造型设计、包装装潢设计、包装结构设计三个方面。

包装容器造型设计：主要针对盛放产品的容器进行设计，常见的有酒瓶、调味料瓶、饮料瓶、药品瓶以及各类化妆品及香水等的瓶形设计；包装装潢设计：运用图形、文字、标识、色彩等元素对包装盒、各种包装袋、瓶贴等各类包装的表面进行设计，传达商品信息，树立品牌的形象；包装结构设计：运用包装材料进行合理化的结构设计。依据产品的特性，既要达到保护产品的目的，又要节省材料起到环保的目的，同时还要体现出产品的独特性。

图3.1

采用高低不同的形式展现了产品的芬芳气味，给人以身临其境的感觉，画面丰富而不繁琐

图3.2　特殊的质感包装，在保护产品在运输中不受损坏的基础上推陈出新，用通透的质感吸引消费者的注意
图3.3　充分利用插图的美感和质感，内外包装相呼应，温和、纯净、自然，使系列包装在整体上显得温文尔雅

图3.2
图3.3

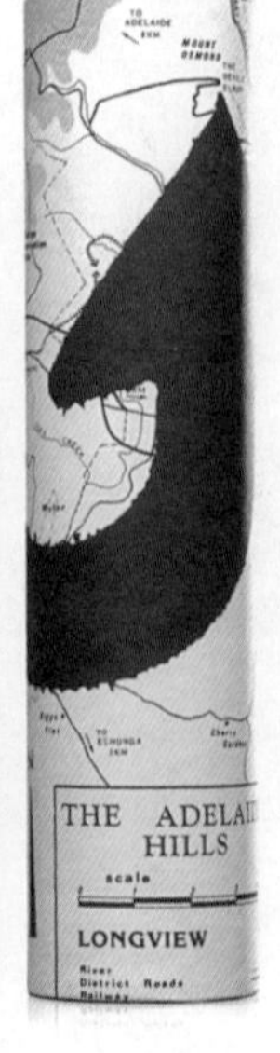

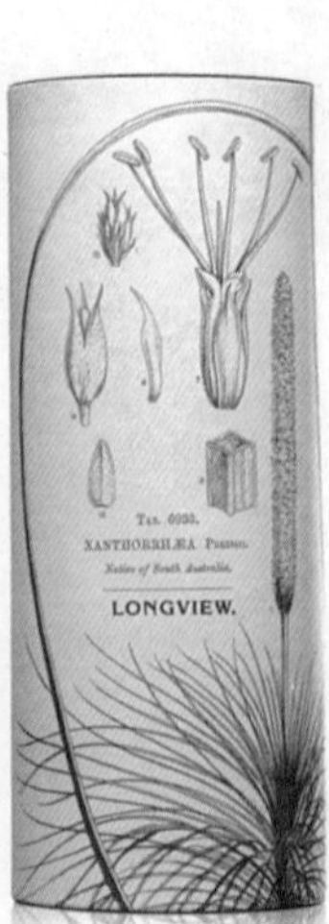

3.2包装设计的程序

■提出设计需求

包装设计反映了企业的经营理念和营销战略，体现了企业的文化与品牌形象，包装设计承担着企业与市场、生产与消费的连接作用。生产的目的是为了满足社会的某种需求，提出需求是设计的第一步。如果设计不能满足相应的需求，那么这个设计就是失败的。

图3.4 文字在包装上的应用结合产品形态，使产品看上去更具舒适趣味之意

■设计定位——市场调研

包装设计最终是要赢得消费者的满意，首先要对社会和市场进行调查研究。调查可采用各种手段，观察、访问、搜集等，然后将所采集的资料进行综合与分析。通过对市场消费的趋势、购买力及审美情趣的预测，作出合理准确的判断。定位设计是指目标明确的设计，它主要解决设计的构思方法问题。现代包装定位设计强调把准确的商品信息传递给消费者，给他们留下独特的商品印象。通过对同类产品的比较，可以得出产品的功能、价格、档次以及文字、色彩、图形等相关销售信息，从而使消费者了解这是什么商品，它的性质、特点、用法等。通过对同类企业比较，可以得到产品种类、产品特色、销售量、销售规模等信息，从而强化本产品的商标品牌特征。无论是新产品还是人们已熟知的产品，品牌定位都是很重要的。例如，百事可乐选择红、蓝作为企业的主色调，给消费者较强的视觉冲击力，并且记忆深刻。通过调查消费者对本产品所持态度，可以了解消费者对本产品的消费愿望，掌握消费心理。商品卖给谁，是现代包装设计十分注重的问题，要使消费者感受到，这件商品是专门为我和我的家人、朋友设计的。

包装盒的四面结合成一幅图片的效果使其在不同角度摆放的同时产生了有趣的连续性

图3.5

图3.6
图3.7

图3.6　连续的动作给人最大的想象空间，使用绘图的方式让受众在最洁净的空间里展开充分的联想，增加了产品的趣味性

图3.7　餐后甜点总是给人深度的喜悦感与满足感。当可爱的外表与美味的口感并存的时候，便让人欲罢不能

■设计创意

在设计定位确定后，进行策划与创意，设计师要对整个设计的意图做一番预想。在了解了所要包装商品的性能特点、生产过程、品牌含义、受众市场等要素后，应对商品的包装进行全面的策划创意。从产品的规格尺寸、容器的造型、包装的结构以及包装表面的装潢设计都要和商品的属性与用途相适合。包装的设计创意可以从以下几方面入手，从商品的功能和属性考虑：包装的是什么产品，它有哪些功能特点等；从商品品牌的角度考虑：品牌是商品的名称，可以将对商品的寓意和象征通过视觉化的处理运用到包装设计中；从商品色彩考虑：色彩是所有视觉元素中使人记忆最深刻的，在包装设计中利用色彩，让人一看到包装的色彩就想到商品特有的风格；从图形的表现考虑：在包装图形的设计中，可以采用具象和抽象两种不同的表现方式，具象图形给人以逼真的感觉，抽象图形设计感强，较为时尚、现代；从文字的排列方式考虑：要尽可能地体现商品的特征；从包装设计的构图考虑：以长方形纸盒包装为例，设计时要考虑其六个面的组合效果，要有主次之分，而不是面面俱到。另外，在各要素的选择上，要有大小、疏密的变化，充分体现设计的节奏感和韵律感。

采用个性的插图风格，装饰性极强，为金属质感的包装盒增色不少

图3.8

图3.9

挺拔的形态，运用文字进行组合，表达了产品与众不同的意境，符合这类产品的装潢策略

■设计执行

包装设计的表现，最终要通过包装材料、印刷工艺以及制作工艺来呈现出整体的形态，因此它是综合的、全方位的展现。设计时必须对包装材料、印刷工艺、制作工艺、造型、结构、文字、图形、色彩等要素进行整体的考虑，选择适当的表现方式，才能达到预期的效果。包装印前完稿制作：要将CMYK四色版、专色版、模切压痕版、出血等表现出来。

“乱花渐欲迷人眼”，当缤纷繁杂的食品包装都在争奇斗艳的时候，简单又别出心裁的切割盒形往往让人眼前一亮。为消费者便携方面着想也不失为巧妙的包装手段

图3.10

3.3包装设计的策略

包装设计创意过程中最为主要的依据是企业所制定的包装策略，企业通常根据不同的市场营销要素而采取相应的包装策略。在市场营销中，企业根据目标市场的需要和条件，来制定产品的结构价格、促销方法等，自主分配资源和投入等对于企业来说都是“可控因素”，但它会受到企业本身资源条件的制约和宏观环境因素以及市场变化因素的影响和制约。对于包装设计环节来说，主要的策略有以下几种：

■人性化包装策略

由于消费者的经济收入、消费习惯、文化程度、审美、年龄等存在差异，对包装的需求心理也有所不同。一般来说，收入高、文化程度较高的消费层，比较注重制作精美、有品位和个性的包装设计；而低收入消费层则更偏好经济实惠、简洁便利的包装设计。将同一类别的商品针对不同层次消费者的需求特点制定不同的包装策略，以此来争取不同层次的消费群体。在包装设计上采用便于携带、开启、使用、重复利用等便利性结构特征。通过突出包装设计的人性化来争取消费者的好感度。

图3.11　图3.12

图3.11　只要有新意，再简单的包装都会让人顿生喜爱之感

图3.12　重复图形带来的繁复与透明瓶体带来的简约交融互通，凸显出产品整体的非凡格调

图3.13　典雅沉稳的色彩配以雍容华贵的暗纹，在某一特殊的受众群体来看，的确不失为彰显身份与品位的佳作
图3.14　透亮的瓶体注入晶莹的液体，天然的凸透镜就此形成。加以底部插画的生动趣味，香水对成熟女性的诱惑是难以抗拒的

图3.13
图3.14

■绿色包装策略

随着消费者环保意识的增强，一方面，伴随着绿色产业、绿色消费而出现的主打绿色概念的营销方式成为企业营销的主流之一。因此在包装设计时，选择可重复利用或可再生、易回收处理、对环境无污染的包装材料，容易赢得消费者的好感与认同，也有利于环境保护和与国际包装技术标准接轨，从而为企业树立良好的环保形象。另外，提高包装的再利用价值，根据目的和用途基本上分为两大类：一类是从回收再利用的角度来讲，如产品运输周转箱、啤酒瓶、饮料瓶等，可以大幅度降低包装成本，便于商品周转，有利于减少环境污染；另一类是从消费者角度来讲，商品使用后其包装还可以作为其他用途，以达到变废为宝的目的，从而延长包装的利用价值。

图3.15

随着人们环保意识的加强，环保材质的应用无疑是包装材料应用方面的“新秀”

图3.16　特殊的水质饮品当然要有其独到之处。除了让人舒服的流线造型之外，夺目的瓶贴也是必不可少的
图3.17　温润的产品性格用最贴近自然的绿色来衬托，形象的产品提取以摄影的手法跃然纸上

图3.16
图3.17

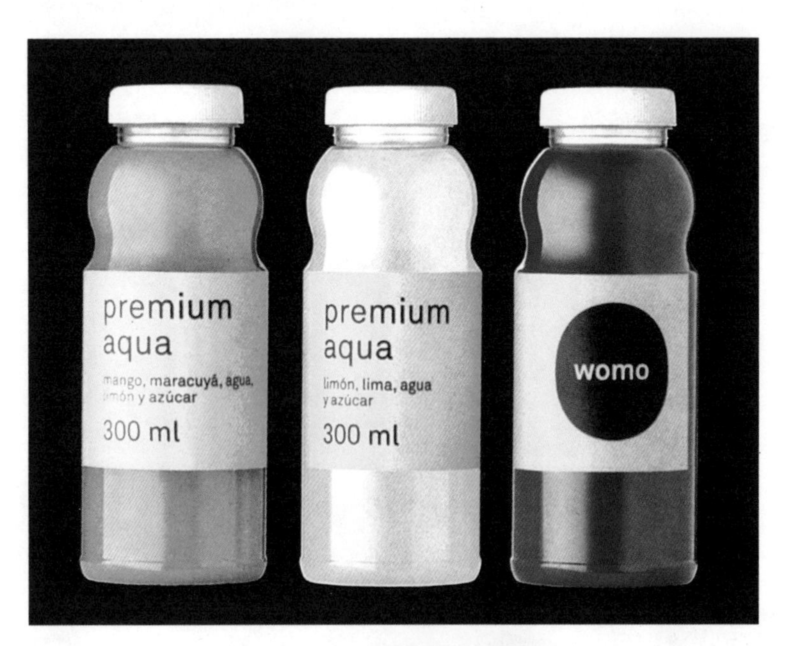

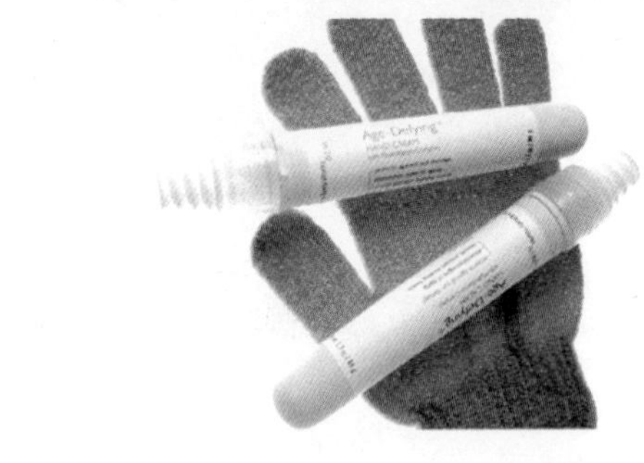

■系列化包装策略

企业对所生产的同类别的系列产品，在包装设计上采用相同或相近似的视觉形象设计，以便引导消费者把产品与企业形象联系起来。这样可以提高设计和制作效率，更节省了新产品推广所需要的庞大宣传开支，既有利于产品迅速打开销路，又能强化企业形象。企业将相关联的系列产品配齐成套进行包装销售，有利于消费者的方便使用及馈赠。这种包装策略有利于带动多种产品的销售，提高产品的档次。

图3.18

特殊的水质饮品当然要有其独到之处。除了让人舒服的流线造型之外，夺目的瓶贴也是必不可少的

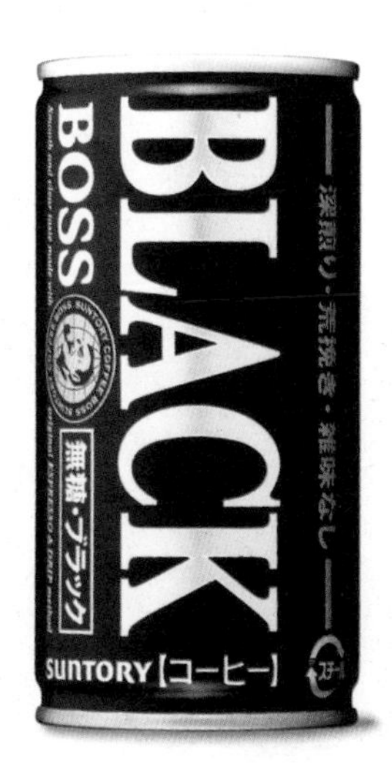

或活泼俏皮，或简约温雅，.或雍容华贵，产品包装呈现出来的性格特征都是企业形象推广策略的体现

图3.19

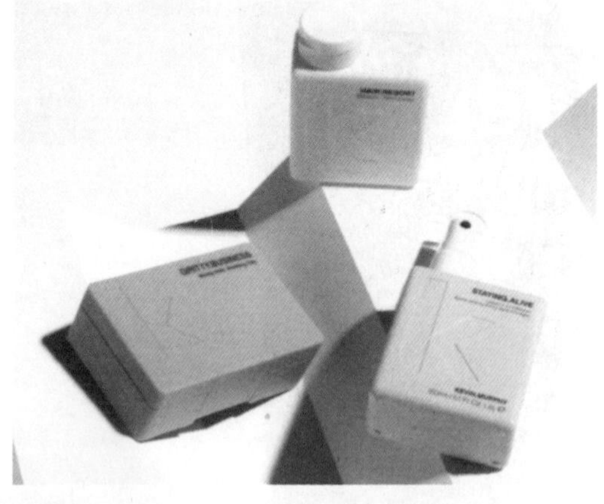

■促销的包装策略

通过包装内随附赠品来激发消费者的购买欲望。赠品形式多种多样，可以是赠券，也可以是相关商品，例如在洗涤液包装上随附洗涤用具；还可以是与商品内容无关但足以吸引消费者的赠品。在儿童食品中附赠游戏类的玩具和卡通画片已成为一种普遍做法，许多儿童并不是因为食品本身而是由于赠品的吸引而购买商品，证明这种包装策略具有相当的吸引力。

图3.20

轻松生动的产品性格也应赋予与之相当的包装理念。螺旋状的瓶体在让人觉得新颖别致的同时，更加营造了休闲饮食放松的意境

图3.21　黑与白，神秘与直白，同样是休闲食品，因为包装色泽、感觉上的不同而产生的丰富变化，让这种联系和对立性不仅仅出现在产品自身的口味上面
图3.22　单一的涂鸦，稚拙的图形，切实表达出产品的生气，令人会心一笑

图3.21
图3.22

3.4包装设计的定位

根据商品的特点、营销策划目标及市场等情况所制定的设计表现上的战略规划，以传达给消费者一个明确的销售概念，被称之为包装设计的定位。现代的包装设计已从以往的对商品的保护、美化、促销等基本功能演变为更加侧重设计表现个性化、多视角和时代特征。它的定位通常是通过品牌、产品和消费者这三个基本因素而体现出来的。

■品牌定位

知名品牌会给企业带来巨大的无形资产和形象力，给消费者带来的则是品质的保障和消费的信心。品牌定位的特点就是在包装设计上突出品牌的视觉形象，通常会从三个方面入手，突出品牌的色彩印象：通过突出产品的“形象色”，给消费者强烈的色彩感知印象；突出品牌的图形形象：在包装设计中充分发挥图形的表现力，使产品本身与品牌图形产生强烈的对应关系，有利于产品宣传的形象性和生动性的体现；突出品牌的字体形象：品牌的字体形象由于其识别性、可读性、标识性强而成为突出品牌形象的主要表现手法之一。

图3.23 特殊的材质散发出迷人的色泽，流线的瓶形让人感觉到女性秀发温馨柔和的魅力

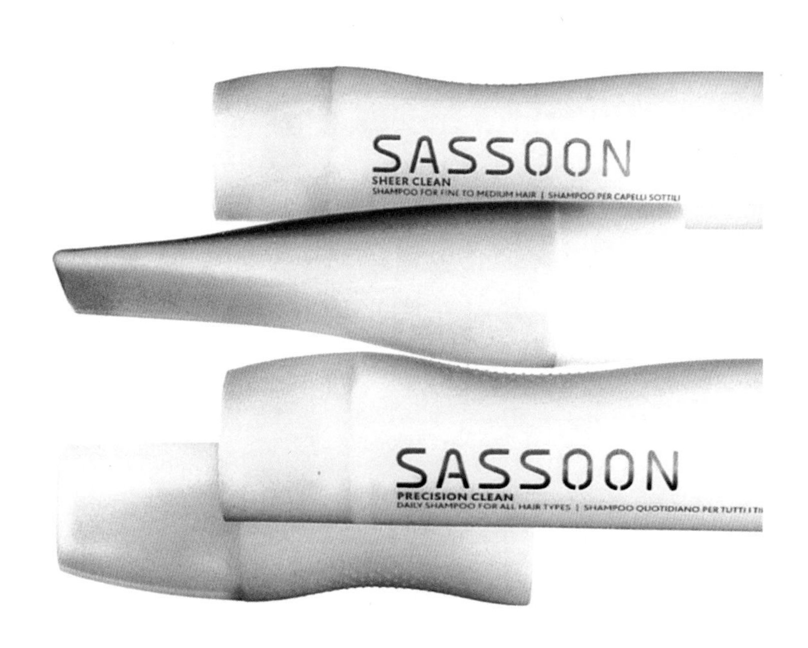

简单随性的数字排布，不仅仅很好地把电池型号进行了分类，更增添了产品的趣味性，让人在使用的同时为其别出心裁的设计所折服

图3.24

■产品定位

通过包装设计使消费者迅速的对产品的特点、用途、功效、档次等有直观的了解。产品功能定位：将产品的功效和作用通过包装展示给消费者以吸引目标消费群；产品特色定位：把有别于其他同类产品的特点作为包装设计的一个突出点，它对目标消费群体具有直接有效的吸引力；产品产地定位：有些产品的原材料由于产地的不同而产生了品质上的差异，因而在包装设计上突出产地，也就表明了品质上的区别；纪念性定位：在包装上结合大型活动、节日庆典、文体娱乐等带有纪念性的设计，具有特殊的意义；产品档次定位：将同类产品分不同的档次，通过包装设计的差别有针对性地吸引目标消费者。

图3.25

在富有浓重神秘感的黑色瓶形之上，以金黄色作顶，宛如皓月当空，让人不禁感觉到一种低调的华丽

■消费者定位

在包装设计中充分了解目标消费群的喜好和消费特点，包装设计才能适应消费者的心理需求。生活方式区别定位：具有不同文化背景的人们以及不同年龄层或职业的消费者都有不同的生活方式，这直接导致了消费观念的不同，并在包装设计中都给予了足够的重视和体现；地域区别定位：根据地域的不同，结合风俗习惯、民族特点、喜好，进行针对性设计；生理特点的区别定位：消费者具有不同的生理特点，对于产品有着不同的需求，包装设计应该依据目标消费者的生理特点表现产品的特性。

不同的设计定位往往在一件包装设计中会得到综合的体现，但应该注意它们之间的主次关系，否则反而会使得消费者感到茫然无措，感受不到产品的明确特点。

一种简单的工具，经过新颖的包装后，既保护了产品和使用者的安全，又提升了产品的档次，为绝佳之作

图3.26

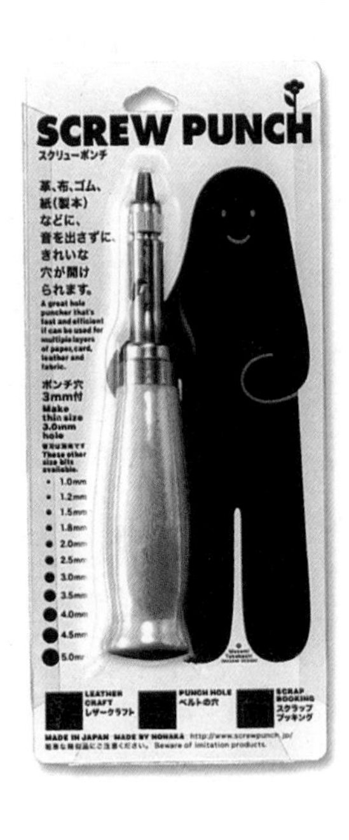

图3.27

产品的功能性特征往往能够引导包装的衍生。膏体柔软的固态特征要求包装在满足盛装功能的基础上又不会外泄。巧妙的设计使膏体拥有特定的形态，让产品自身的品质感陡然提升

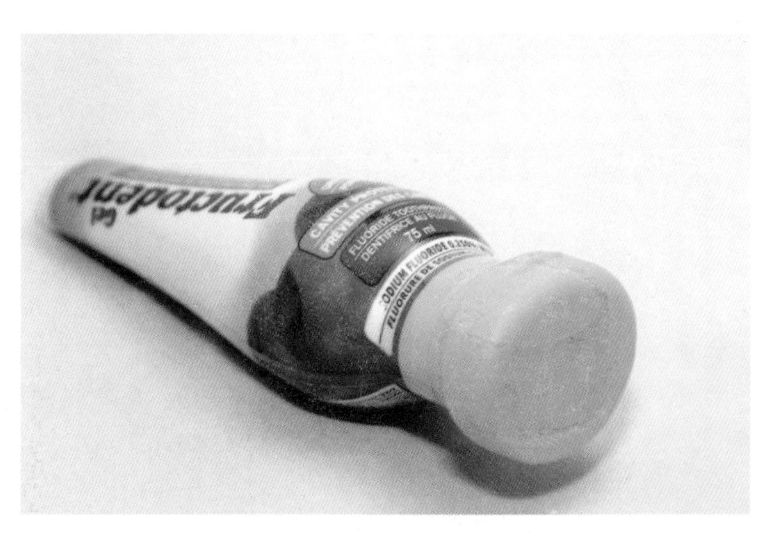

在产品自身的通透性空间上做文章，小鸟的形象栩栩如生，让自然之感瞬间触动观者

图3.28

图3.29

文字字形、大小、色彩、凹凸，组合出别开生面的酒品包装。瓶体通透，无需粉饰，丰富的变化就展现在眼前

图3.30　作为香氛家族的新成员，其外形先做到引人注目，不免对香水本身产生兴趣
图3.31　立面色彩丰富的卡通形象，夺人眼球，产品包装拟人化，亲切可人
图3.32　钻石造型的纸盒，结合丰富的几何图形。使人过目不忘

图3.30
图3.31　图3.32

第4章 包装设计与材料的选择

现代包装材料的选择范围是非常广泛的，随着科技的发展，包装材料也发生着巨大的变化，从传统自然的材料到现代复合的材料，品种繁多。常用包装材料的选择要本着适用、科学、经济的原则，目前包装领域常见的包装材料有：纸、塑料、木材、玻璃、陶瓷、金属、复合材料等。

产业化包装发展的历史，既是包装材料及制造工艺的发展史，也是包装形态不断适应市场竞争而演化的历史。商品的包装能有今天丰富多彩的形态，历经了不断演变的过程。

4.1纸

纸——在包装行业中是应用最为广泛的一种材料，纸包装具有易加工、成本低、适于印刷、重量轻、可折叠、无毒、无味、无污染等优势，但是耐水性差，在潮湿时强度较差。纸包装材料可分为包装纸和纸板两大类。一般的包装用纸统称为包装纸，包装纸的性能主要有以下几个方面：强度高、成本低、透气性好、耐磨损的包装纸多用作购物袋、文件袋；纸面光洁、强度较高的包装纸多用作标签、服装吊牌、瓶贴；以天然原料制成的无毒、透明度高、表面平滑、抗拉、抗湿、防油的包装纸，多用于食品包装。20世纪50年代，瑞典的一家公司开发出了与塑料复合制成的纸来包装牛奶，包装呈三角形，造型新颖，使用方便。随后，英国在此基础上把包装形态改成方砖形，这种包装很快取代了传统的玻璃瓶，而且还被用来包装果汁、饮料等其他液态产品。

纸板的制造原料与纸基本相同，主要区别在于厚度，性能是纸质硬、刚性强、易加工成型，是销售包装的主要用纸。纸板的类型有白纸板、黄纸板、牛皮纸板、瓦楞纸板，其中瓦楞纸板主要的用途就是商品的运输包装，多用于制作外包装箱，在商品存储、运输的过程中起保护商品的作用。较细的瓦楞纸板也用于销售包装的制作，以及作为包装的间壁结构使用。一个完整的盒子可以通过剪切和折叠一张卡纸而制成，它既方便快捷又在成型前可以平放而少占空间。关键是降低了纸盒的成本并保证了足够的生产量。这种方法在1850年最早出现于美国，商业发展的趋势决定了它在包装业中注定要扮演的重要角色。

纸质包装可以节省成本，同时轻便耐磨的特性又有一种天然的朴质感，具有亲和力

图4.1

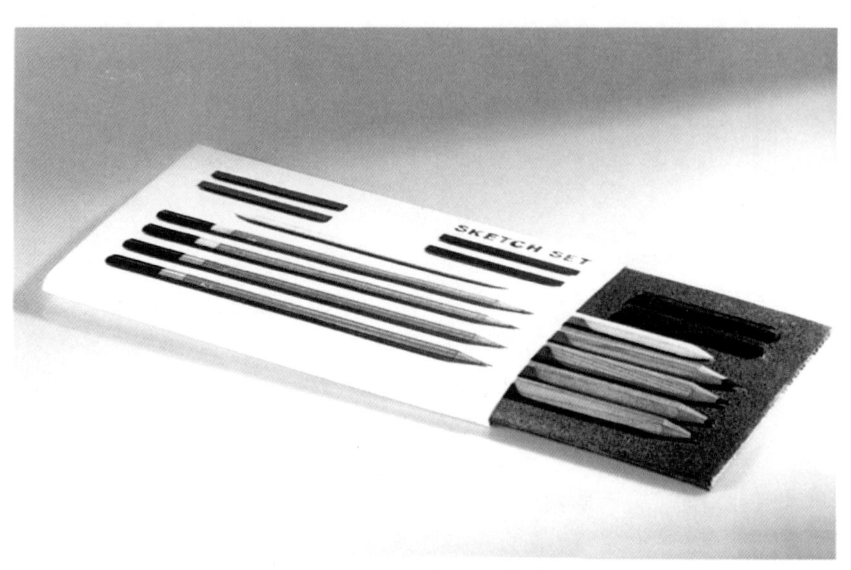

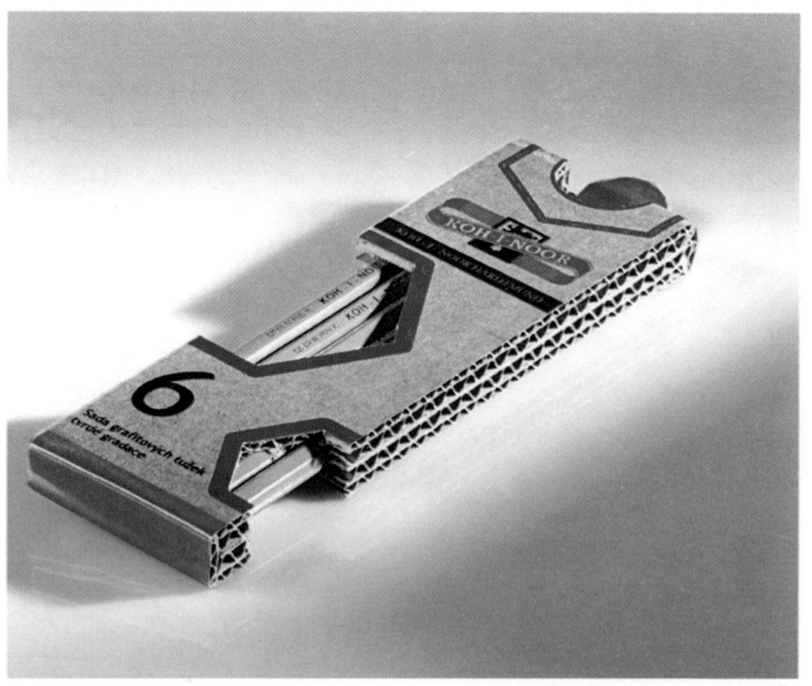

图4.2
图4.3

图4.2 利用纸浆成型的特点营造出的凹凸质感纹路体现出一种细腻的高贵品质，纯洁无瑕
图4.3 简易的包装古朴而又富有时代感

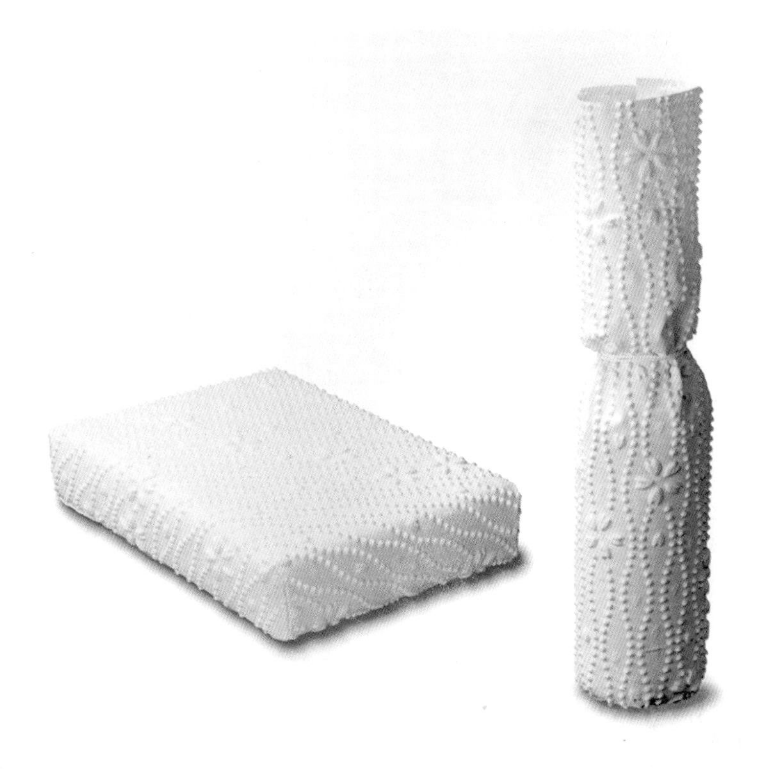

纯洁简单的色彩表达出牛奶的纯净特点，独特并富有变化的包装结构妙趣横生，锁扣式结构保持了牛奶的新鲜

图4.4

图4.5 利用纸质独有的易操作特点，将商品名称进行镂空处理，富于空间感和趣味性

图4.6　纸的特性使之可以方便快捷地进行穿插操作，如同百变金刚一般进行各种组合，极具可塑性与互动性
图4.7　利用纸品简单的纹理变化改变对包装外形材质的感觉，突出商品本身原生态的品质

图4.6
图4.7

4.2塑料

塑料——作为一种新型的包装材料，在包装材料总额中所占比例已经达到了仅次于纸类包装材料的水平。它是一种以树脂为主要成分，加入添加剂的人工合成高分子材料。具有良好的防水性、防潮性、耐油性、阻隔性，透明、耐腐蚀，可以加工成各种形状，也适于印刷，但耐热性差、容易破损、不能自然分解，容易造成污染。

到了20世纪中叶，聚乙烯塑料袋取代了纸质提袋，成为主要提袋制作材料。1936年，塑料薄膜的热成法在法国用来作为肉类食品的热收缩包装，后来结合抽真空技术，延长了肉类食品的保质期。塑料成型技术的进步，凭借其成本优势和不易碎等特点，逐渐取代了原先的许多玻璃瓶包装。此外，原先的金属制可挤压软管业也逐渐被塑料软管所取代。20世纪90年代以来，尽管塑料包装材料一直经受环境问题的严重挑战，但从近年来发表的数据看，塑料包装在包装工业中仍成为需求量增长最快的材料之一。进入21世纪，为满足人们生活及经济发展的需求，同时又要适应环保的要求，各国一方面加强研究开发和选用环境适应性塑料包装材料和技术，同时积极研究如何加强对其废弃物综合治理的对策和措施，力求从技术上保证塑料工业健康顺利的发展。

图4.8 塑料材质的包装变化多端、应用广泛，在包材中饰演着重要的角色

不同色彩的陈列产生了一种装饰的作用，这样的设计考虑到了消费者平时摆放的效果，透明的外包装将色彩斑斓的产品展现得淋漓尽致

图4.9

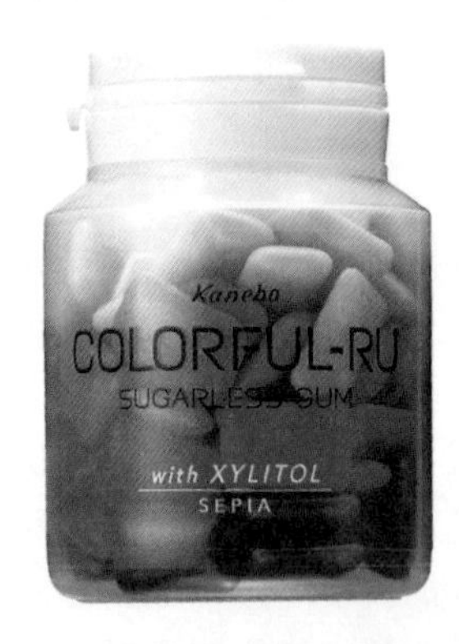

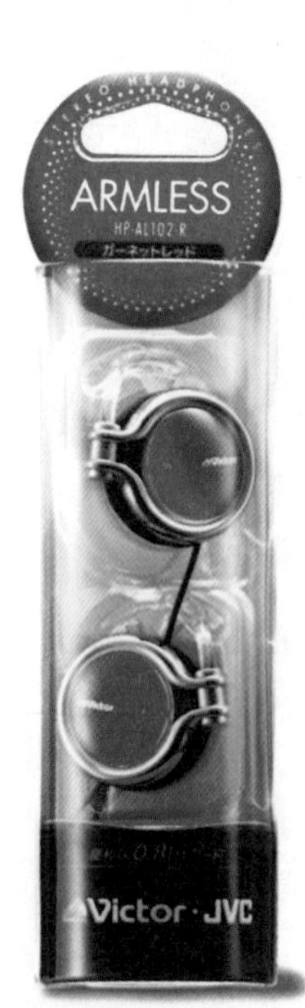

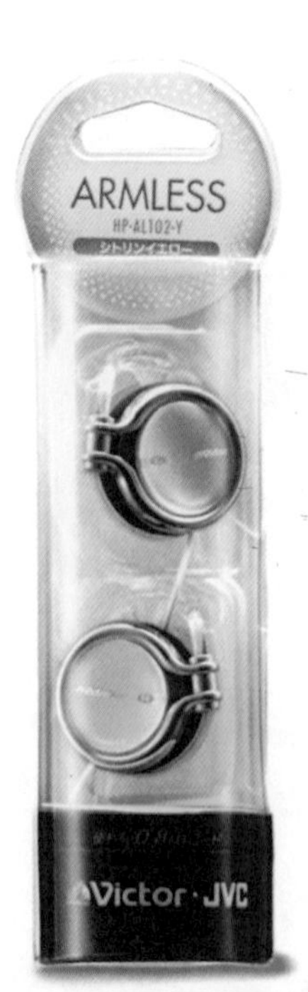

图4.10 图4.11

图4.10 透明诠释着内容，简洁彰显出品质。在塑料包装的外壳下，产品散发着诱人的味道
图4.11 天空的蓝与云朵的白无疑将电池回收的环保主题映入眼帘

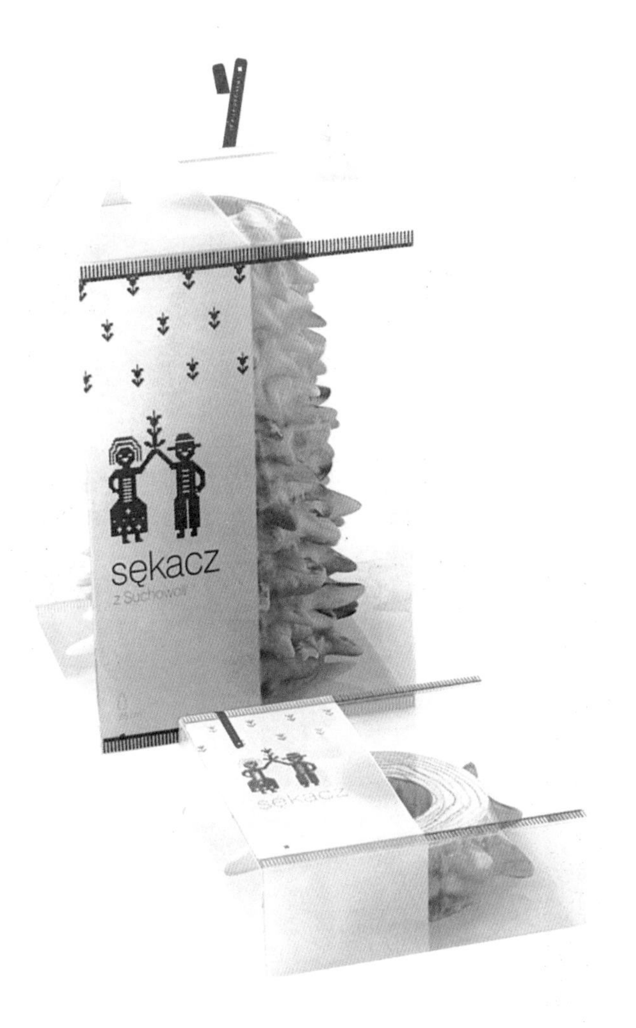

4.3木材

木材——是一种天然的材料，稍微加工即可使用，分为硬木和软木两类。木材是人类最早应用于艺术设计的材料之一。木材是天然的，有独特的质地与构造，其纹理、年轮和色泽等能够给人们一种回归自然、返璞归真的感觉，深受大众喜爱，具有不可替代的天然性；木材本身不存在污染源，木材是可循环利用的材料；木材还有良好的加工性，可以方便地进行锯、刨、铣、钉、剪等机械加工和贴、粘、涂、画、烙、雕等装饰加工。

采用木质包装箱对产品进行包装，提高了产品的价值品位。在木材上进行的彩绘使其在原始粗放的感觉中多了一种简洁、朴实而又不失高雅的材料美感

图4.12

木材具有加工简单、可反复使用、耐冲击、强度大等特点，是大型商品包装最理想的材料。但是作为包装箱时，因木材本身所含有的水分可能会对商品产生或多或少的影响，而且木板比纸箱重，运输成本较高。

图4.13 天然的木质材料不仅可以很好地保护产品、方便运输，还可以提升产品的品位和档次，同时天然环保

4.4玻璃

玻璃——主要的原材料是天然矿石，是一种质地硬而脆的透明固体。可以用来制作玻璃包装容器，如酒瓶、酱油瓶、饮料瓶、香水瓶。它的优点是硬度大、抗腐蚀、可反复使用、易于加工、高透明度等，缺点是生产能耗大且易碎。

玻璃容器起源于埃及，早在公元前16世纪古埃及就发明了以石英石为原料，用热压法生产玻璃容器。公元前1世纪，罗马人发明了吹制玻璃的方法，并创造出了“浮雕玻璃工艺”。1903年，欧文斯研制成功的全自动玻璃制造机械，使廉价的瓶装啤酒大规模生产成为可能。20世纪后新技术的不断出现，钢化玻璃、浮雕工艺、喷砂工艺、彩绘等工艺为酒类、化妆品、食品等包装容器，带来更美观的形态。

图4.14　高透明度、色彩鲜艳的玻璃制品给人一种高纯度、高品质的视觉
`图4.15　玻璃散发出的特殊光泽，为产品增添了迷人的气质

图4.14　图4.15

图4.16

玻璃的特点在于晶莹，酒水的性格贵在剔透，二者的完美结合使产品散发出迷人的气质，对于定位的高端消费群体具有文化与审美方面的亲和力

温润、柔和，给人以轻松自然的视觉感受，具有个性的图案设计，极具品质内涵

图4.17

4.5陶瓷

陶瓷——主要的原材料是黏土，是历史悠久的包装材料，作为包装材料的使用最常见于各种酒包装容器的造型。陶瓷作为包装容器在造型和色彩方面都非常具有艺术性，表达一种质朴的风格和浓郁的乡土气息。陶瓷的优点与玻璃有相似之处，耐热性能好、抗氧化、抗腐蚀，但也易碎。

中国最具代表性的工艺品首推陶瓷，它几乎成了中国传统文化的象征。严格科学意义上的瓷器始于东汉，但从陶器到瓷器，中间大约在战国时期经历过半瓷质陶器的过渡过程。到了东汉时期，瓷质日趋纯正，瓷胎较细，釉色光亮，釉和胎的结合日渐完美。直至今日，陶瓷除了工艺品、日用品以外，也是常常被用作具有民族传统风格的包装容器，如白酒、中药的包装等。

图4.18

陶瓷材质与外包装的木质形成质感上的对比，让产品古朴的气质充分展现在消费者面前

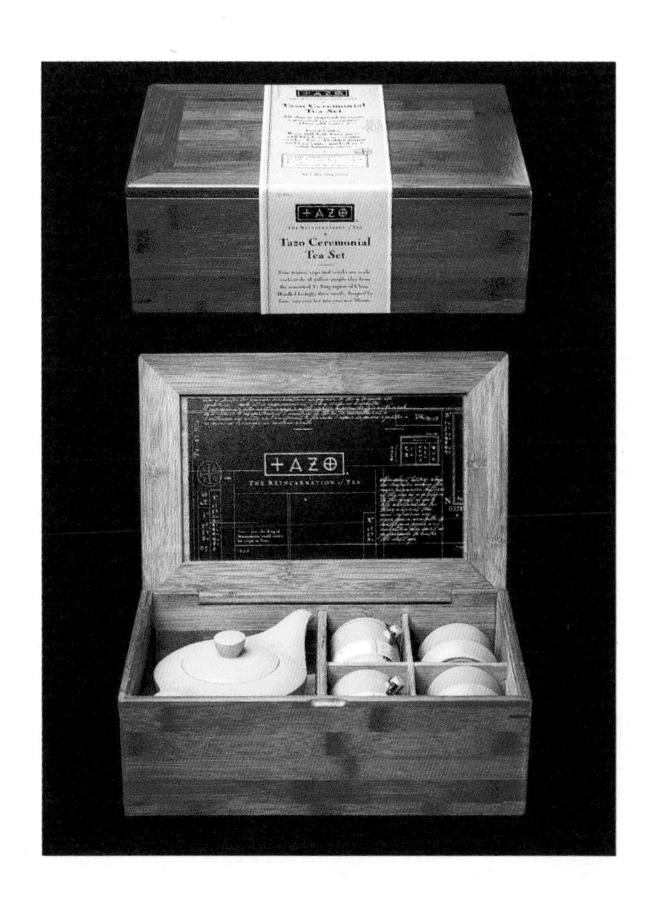

4.6金属

金属——随着工业技术的发展，金属已经成为重要的，不可缺少的包装材料，被广泛地用于制作金属包装容器。常见的金属包装材料有马口铁、铝板、金属箔等。金属包装材料，密闭性能好、抗撞击、保存期限长。

铝制包装的出现是金属包装技术上的又一大飞跃，它柔软性好，重量轻，只有铁皮1/3的重量，光泽度也好。1963年易拉罐铝罐诞生，由于其使用的便捷性、成本的经济性而大大地促进了罐装啤酒和饮料业的发展。铝质包装材料具有适用性广泛、卫生、经济、无毒、无异味、防霉、防虫、不生锈的特点，另外铝箔的印刷性能较好，适合于各类食品、日用品的包装。缺点是，强度不如马口铁，不能焊接制成罐子。随着技术工艺的不断进步，金属包装在成型上越发多姿多彩，应用领域也不断扩大。

图4.19　金属容器上装饰画的应用热情奔放，新颖独特，具有个性的色彩与图形设计，使包装对消费者具有独特的审美亲近力，这是包装的主要促销手段
图4.20　黑与白的反色对比提高了产品的品质内涵

图4.19　图4.20

图4.21

采用金属容器进行包装，除了会对产品进行良好保护的同时也增加了产品的附加值。标贴采用鲜艳的色彩，传达了一种张扬个性、轻松自由的思想理念

4.7复合材料

复合材料——由于以上所介绍的各种单一包装材料总有其自身的缺陷，所以将两种或多种材料，通过一定的方法加工复合，可以弥补单一材料的不足。复合材料可以节省能源、易于回收、降低生产成本、减轻包装的重量等，其性能取决于它的基本组成材料。目前，复合包装材料的应用越来越受到提倡和重视，随着新技术的发展，包装材料进入到一个崭新的复合包装的时代。

明亮的色彩吸引了消费者的注意力，装饰花纹作为外包装的主题元素提升了产品的品位

图4.22

图4.23

复合材料在当今包装材料中的地位举足轻重，弥补了单一材料的不足，节省能源，易于回收，降低成本，减轻包装重量，另外复合材料的可塑性极强，不容忽视

图4.24　明亮的色彩吸引了消费者的注意力，实物照片作为外包装的主题元素提升了产品的认知度
图4.25　运用特殊的分离式包装解构，切口的弧线为产品本身增添了柔美感

图4.24
图4.25

第5章 包装装潢设计

现代包装设计结构和造型样式繁多，但是由于运输、摆放等因素的作用，各种商品的包装采用最多的最为普遍的形式还是六面体结构。在设计包装时，六面体面与面之间的关系不是均等的。正对着消费者的面通常是主要面，正面的商品信息是最主要、最显著的，产品的名称、标志、主要图形信息大多位于此面，便于消费者在正常的视线范围内，对产品信息一目了然。现代超市中，普通商品的包装正面和背面以及两个侧面多采用同样的设计，这样可以节省包装的印刷成本和商品上架的摆放时间。其次是左右两侧和上部三个辅助面，最后是底面。在辅助面上，一般根据商品的性质放置产品成分、用法用量、产品介绍等功能性的文字信息。如今，消费者已习惯于按照这一顺序来查找商品的相关信息。另外，在组织包装的各设计要素时，还应考虑到消费者怎样打开包装，打开的过程中先看到什么，再看到什么等视觉秩序。

为了在竞争中脱颖而出，取得最佳的视觉效果，在包装设计中常常运用各种方法，将设计的各个要素遵循形式美的规律有机地组织起来，由于包装每个设计面尺度上的局限，必须利用一切编排方法，将设计要素和各种信息合理地展现给消费者。

包装设计的视觉要素主要指包装上的图形、色彩、文字等。现代的包装设计在视觉形象上，强调要有“冲击力”，要能够抓住消费者的眼球。如今，产品外包装的表现力已经是将自己的产品与其他产品区别开的一种强有力的手段。

图5.1 艳丽缤纷的色彩为洗浴产品穿上了时尚的外衣

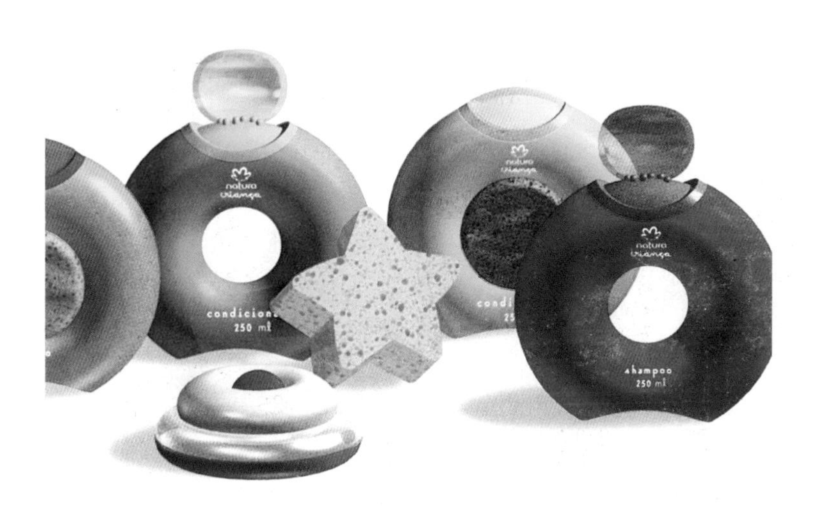

幽默诙谐的图形表达，让包装妙趣横生

图5.2

5.1包装设计的图形要素

图形——作为视觉要素的表现形式，既有感性的视觉形象，又有可观的内容，在一定范围内能够迅速准确地传达出视觉信息，我们又称之为图形语言。包装设计中图形的表现越来越形象化和规范化。例如，在商品的外包装箱上，酒杯的图形表示小心轻放，雨伞的图形表示不能受潮，这些图形形象生动、信息传递快捷、跨越语言障碍。又如，目前许多儿童商品的包装，多采用深受儿童喜爱的卡通形象，这些图形的运用就连不识字的小孩，也知道哪是他们所喜欢的和想要的。21世纪是“读图时代”，人们需要更为直接的视觉刺激，用更为省时的阅读方式来了解信息，人们的视线更多地被图形所吸引。

图5.3 运用常见的图形创造出幽默搞笑的包装设计，增强了消费者的心理认同感

图5.4　采用剪影的方式作为包装的主要修饰手法，古朴传神，贴近生活
图5.5　利用视觉元素对产品包装进行装饰，不仅在第一时间让消费者眼前一亮，更是在仔细观赏端详后，品出趣意

图5.4
图5.5

图5.6

年轻富有张力，热情而豪放，正如饮品带给人的感觉一样，涂鸦的瓶体装饰与产品本身的精神相得益彰

图5.7　用童话插画作为包装的主要展示画面给人以想象力，并可以引起人的好奇心
图5.8　摄影在包装中的作用非比寻常。传统的摄影作为包装的底图，表现了酒水悠久的酿造历史和特有的产地，突出了品牌概念

图5.7
图5.8

图5.9
图5.10

图5.9　将广泛应用于布料上的拉链应用于瓶体，增强了产品的互动指向性，少量的文字言简意赅，保持了瓶体完整的感觉

图5.10　采用植物、几何等符号化的图样为瓶贴衬底，表达了产品的个性，视觉上富有流动性，可以激发观众的想象力

用童话插画作为包装的主要展示。画面给人以想象力，并可以引起人的好奇心

图5.11

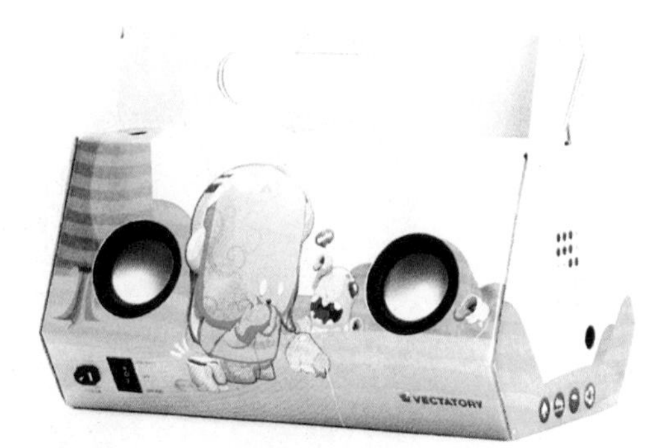

5.2包装设计的文字要素

文字——作为视觉要素的表现形式，并不是所有时候都是必需的，但是文字对内容的表达准确性却是最高的，文字字体的规范性和清晰度能够确保人们在识别文字内容的瞬间，作出准确无误的判断。在传达信息时，文字的字体、大小、多少以及色彩的不同，观看者观看距离、速度的不同，所起到的信息传达效果是不同的。

图5.12 瓶形表面模拟钻石的形态，呈现璀璨夺目的效果

图5.13　特定的文字以及插图系列化的统一暗示了产品的休闲属性，破除了方形盒体规整严肃的感觉
图5.14　简洁的色彩运用和文字排列组合装饰性强，阐述产品的品质，清新典雅

图5.13　图5.14

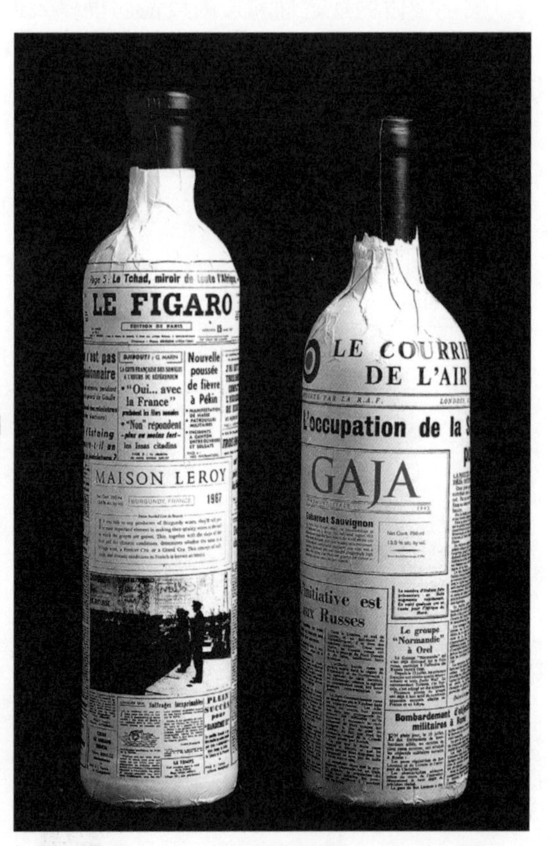

5.3包装设计的色彩表达

色彩表达是一种创造性的活动，是一种符合生产加工工艺和产品性能的科学实践，同时又是一种体现人文关怀，按照美的规律来塑造产品形象的创造性活动。色彩表达是设计艺术的主要手段之一，涉及自然科学和社会科学的各个领域。色彩可以帮助人们识别形象，并对视觉产生吸引力，现代包装设计更是不断追求色彩的变换与式样的新颖。包装中的色彩设计，将艺术渗入技术、审美渗入科学，这就要求设计师用鲜明而强有力的色彩来表达其创意。在色彩设计上既要强调外在的表象特征，又要强调其内在的精神因素，包装设计中的色彩表达主要体现在以下方面。

■色彩的注目性表达

人们在观察事物时，视觉的第一印象是对色彩的感觉。在包装设计上，色彩是影响视觉感受最活跃、最敏感的视觉要素之一。来自外界的一切视觉形象，如物体的形状、空间、位置的界限和区别等，都是通过色彩和明暗关系来反映的，人们必须借助色彩才能认识世界、改造世界。色彩在人们的社会生产、生活中具有十分重要的认识功能。由于人的视觉对色彩有着特殊的敏感性，因此由色彩产生的美感往往更为直接。色彩有较强的视觉冲击力，同时又容易引起人们的心理变化和情感反应。因此，色彩是最易引起消费者注意的设计要素。

■色彩的识别性表达

在商品的包装中应配合企业识别系统的色彩计划，色彩成为拉开不同品牌彼此间差异性的重要因素，使消费者提高色彩识别能力，巩固记忆。利用色彩的识别性，能够强化产品的特性，有了色彩的识别性，商品在市场中才能形成独立的面貌，从而提高企业的知名度和消费者对商品的购买欲望。在人们的视觉对象中，色彩作为一种视觉交流媒介，它比形态更加具有视觉吸引力。

■色彩的象征性表达

色彩在不同的地域、不同的人群以及不同的时期被赋予了丰富的象征性。色彩的象征性还体现在它更能引起观者的情感反映，人们对于客观环境的认识和反映以及情感活动都与色彩紧密相关。在包装设计中，色彩与商品的内容与性质有着内在的联系。各类商品都在消费者心目中有着固有的概念，色彩直接影响消费者对商品内容的判断。例如，橙汁的象征色是橙色；绿茶用绿色、蓝绿色等冷色调，它给人宁静、清爽的感受；红茶选用沉着饱满的暖色调，它给人有浓郁、味厚的联想。这些都是对自然物中的色彩进行联想和判断的，还有就是依据消费者的心理感受，色彩在包装设计中的象征性表达。例如，红色象征热情、活泼、热闹、艳丽、吉祥；蓝色象征遥远、无限、永恒、透明、理智等。另外，消费者通过色彩还能够感受到冷和暖、前进与后退、扩张与收缩、软和硬、轻和重等。

视觉效果强烈往往最先能打动消费者。时尚明快的色彩传递出一种娱乐、轻松的气氛

图5.15

图5.16 图5.17
图5.18

图5.16 随意、普通的方形作为包装的结构，但丰富炫目的色彩给人以热烈、琳琅满目的感觉
图5.17 具有现代感的图形色彩和文字元素让人产生强烈的时代感和地域归属感
图5.18 色彩丰富的卫生纸包装设计为生活增添了情趣

■色彩的情感性表达

人对色彩的情感不尽相同，存在着或多或少的差异。在性别上：女性喜爱偏暖的颜色以及纯度较低的粉色系列，而男性大多喜爱冷色或黑灰色系；在种族差异上：由于种族、民族、地域造成的差异，以及不同的国家和民族生活环境、社会文化、宗教信仰的差别，就形成了色彩喜好上的差异；在年龄上：随着年龄的增长，人们对色彩就有自己的偏好和理解，一般来说，儿童较为偏爱红、橙、黄、绿等高纯度的暖色系，而成人较为喜爱蓝、紫、灰、咖啡等比较深沉稳重的色系。

利用人们对于色彩强烈的心理认同感与产品紧密结合对比色调的应用，传达出时尚之感

图5.19

以上所列举的色彩特性的表达对于包装设计具有一定的指导意义，但是随着社会的发展，各国文化交流的加强、地域差异的缩小，对包装设计的色彩表达提出了新的要求，只有通过更为仔细的市场调研，才能使设计更具针对性，更准确地采用消费者喜爱的色彩。在包装设计中色彩对视觉形象的影响是十分明显的，有时为了突出产品的包装，可以反其道而行之。这就是说包装设计时，要寻找同类品的包装色系分类，然后在设计时避免出现与同类商品的色系相同，这样的包装就能与同类商品，形成反差，展示自身形象，突破消费者视觉防线，引起消费者的注意。例如，在软饮料的包装中，绝大多数的品牌选用了单纯的浅色系作为主色调。“健力宝爆果汽”这个新品牌在上市时，没有盲目地跟风，而是大胆采用了黑色系的包装方式，与其他产品明显地区分开来，形成了突出的视觉效果，迅速赢得了年轻人的市场。因而，在包装的视觉形象设计时，要研究不同消费者的审美心理需求，努力突出形象，真正做到以人为中心去设计。

图5.20 卡通形象辅以绚丽夺目的色彩，更好地诠释出产品的情感归属，使呆板的方形顿时生机蓬勃

5.4包装设计要素组织的形式法则

在这个信息化的大众传媒时代，如何吸引受众的目光，对于信息的传达是至关重要的。一件成功商品的包装必须有一个能够抓住消费者的闪光点，这个闪光点就是包装设计的精华。有秩序、有规律的图形组合和编排方式通常能够被视觉所接受，进而产生视觉美感。良好的包装设计必须按照形式美的法则，运用对称与均衡、节奏与韵律、变化与统一、虚实与疏密等基本的构图手法来组织设计要素，以求达到最佳的视觉效果。

利用人们对于色彩强烈的心理认同感与产品紧密结合对比色调的应用，传达出时尚之感

图5.21

■对称与均衡

对称的构图具有稳定、端庄、整齐的特点，相对于对称来说，均衡较为自由活泼，富于变化。对称的构图会将消费者的视线自然地吸引到对称中心，均衡虽然不会给人绝对平衡的感觉，由于中心在中部，消费者视线的分布还是比较平均的。现代包装设计中，有时有意识地打破视觉上的均衡，加入不和谐的因素，造成矛盾冲突的视觉效果，营造紧张不安的气氛，反而会使消费者记忆深刻。

图5.22

由于人们天生对美的强烈认同感，就要求在视觉的均衡方面做到舒适又不失其特点

利用瓶贴极具装饰性的效果，均衡稳重却不呆板，传达了产品特有的品质文化，典雅、古朴浓郁

图5.23

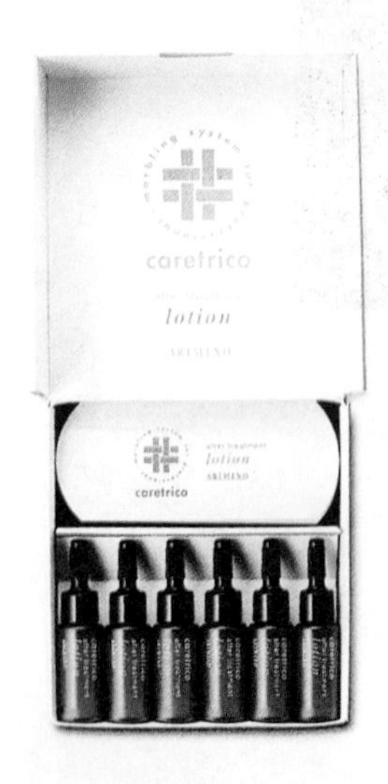

■节奏与韵律

节奏与韵律是形式美的共同法则，是互通的，节奏是通过点、线、面的大小疏密排列组合以及色彩的对比调和形成韵律的。点、线、面、体、色彩、肌理等视觉要素在包装设计中可以构成丰富多彩的节奏形式，通过各元素有规律的运动变化来排列视觉要素，消费者的视觉感官就会获得类似听音乐节奏的快感。在设计中不同的商品类型要求具有不同的节奏韵律感。例如，儿童用品、运动休闲品等一般采用造型活泼、色彩明快、节奏感强烈的设计；女性商品、床上用品等可采用秀丽的字体、柔美的色彩、线条流畅的设计风格。

图5.24 图5.25

图5.24 高透明度的瓶体配以娟秀的字体让产品的女性特征悠然显现
图5.25 流畅的线条，简洁明了的体块，这些作为装饰元素让产品的舒适品质在不知不觉中展现无遗

图5.26　瓶体和LOGO的形象刚好均衡有致，较好地显现出企业的文化内涵
图5.27　风格独特的插画与纯黑的瓶体相结合，产生了独特的视觉感受
图5.28　书法笔触的运用，具有强烈的民族性，简洁明快、严肃简朴的造型与文字相互呼应

图5.26
图5.27　图5.28

■变化与统一

变化强调了各视觉要素间的个性和差异，统一则着眼于设计作品的整体性与一致性。变化与统一可以表现出不同的侧重，有的设计以变化为主，强调差异；有的设计以统一为主，强调相似。在包装设计中，变化主要是为了增强不同要素所具有的特性，通过矛盾冲突打破呆板、单调的格局使设计更加具有生命力和张力，形成强烈的视觉效果，给人留下深刻的视觉印象。而形式上的统一是对各设计要素相互间关系的把握，来达到和谐的效果。整体是由众多局部组成的，每一个局部的设计都要考虑它在整体中的作用，力求达到变化与统一的完美结合。

图5.29 图5.30

图5.29 明与暗，黑与白，明确的反差极富装饰性，彰显出产品高贵的品质
图5.30 强烈的对比效果形成了一定的视觉冲击力，黑中有白，白中有黑，水乳交融，交相辉映

图5.31　图形与文字的排布均表现了休闲产品自由、轻松的产品属性，简洁的包装材料是现代包装的一种基本样式
图5.32　巧妙地将瓶体本身与外包装盒结合在一起，将二维和三维元素融会贯通，让人眼前一亮
图5.33　商业插画使包装的视觉效果亲切自然，正反色块的运用增强了产品的视觉感受

图5.31
图5.32　图5.33

■虚实与疏密

虚实是指设计要素的清晰与模糊、明确与含混的关系，疏密指设计要素组合的聚散关系，通常元素集中则密，稀少则疏。在包装设计中，画面的虚实可以根据需要处理，将所要强调的主体要素处理为实，次要要素处理为虚，通过虚实关系使主体跳出来，形成视觉焦点。疏密是构图的重要原则，图形的大小、空白的多少以及文字的大小、行距、长短变化等都体现了疏密关系。设计中在考虑视觉要素编排的同时，也要考虑空白的虚空间，不同的留白能够给人不同的视觉感受。

包装设计的基本构图手法，给了我们组织设计要素的依据。但是刻板地追求这些形式美的法则，也会使设计显得呆板、单调、缺乏活力，恰到好处地运用以上各种构图手法来组织画面，力求最大限度地吸引消费者的注意力。因此，包装设计要在对称中寻求不对称，简约中求丰富，统一中有变化，节奏与韵律并存，虚实相间、疏密有序。

图5.34 图5.35

图5.34 或疏或密，或简或繁，瓶贴在虚实关系上的排布应用技高一筹，营造出充满想象空间的艺术氛围

图5.35 大面积黑色的运用很好地表达了空间感，细致的标贴使统一中富有变化，节奏与韵律并存

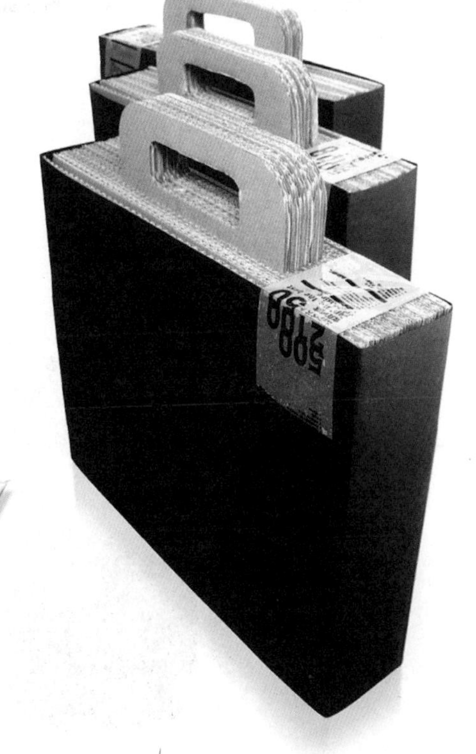

图5.36　插画与瓶贴形状相结合，巧妙精致，传达了一种精致娴适的生活气息，让观众对产品产生一种美好的想象力
图5.37　商业插画直接传达了产品的口味与制作材料，作品的色彩很鲜亮，诱发观众对内在产品的联想
图5.38　采用日本本土的侍女和樱花作装饰，在现代化设计的基础上再现传统

图5.36
图5.37　图5.38

第6章 未来包装设计的发展趋势

6.1人性化的包装

■包装创造商品间的差异

由于科学技术的发展、信息时代的到来，各个厂家生产的物质产品之间的差距越来越小，而消费者则对满足他们独特条件的产品要求越来越强烈。这就要求商品的包装作为一种创造差异的工具，使消费者能通过商品销售包装得到商品的独特性而获得某种心理、情感的满足，从而影响消费者购买和使用产品。

商品丰富，人们走进了精神性的消费领域，消费行为表现出鲜明的个性化趋向。品味、情调、层次、心理满足等能够展示个性特征的精神要素成为部分消费者购买的首选。这是一个崇尚个性的时代，人们对“千篇一律”的商品包装开始厌倦了。那些个性鲜明，魅力独特的包装在外形、色彩、结构、选材上独具匠心，并且具有独到的销售意识，日益受到消费者的青睐。

■人是设计构思的主要因素

人是设计构思的主要因素，德国包豪斯的创始人纳吉曾说：“设计的目的是人，而不是产品。”寻求商品特征与顾客心理之间的融合点，来感染消费者，吸引消费者。设计者对于商品包装与消费者间的情感把握，在设计上表现的形式灵活多样，人们的消费心理变化微妙，市场竞争激烈，掌握和引导消费潮流，注重商品包装的情感设计，势在必行。设计师运用各种幽默、怀旧、充满乡土气息等意味的表现语言，来提升包装设计对消费者情感上的号召力。对于消费者来说，这种包装显得更为友好、亲切。例如，Blue Q（香皂制造商）的一款产品“Dirty Girl”（脏女孩）——赋予一件普通产品全新的意义，产品名称直指目标顾客群——年轻女孩。品牌调皮的暗示迎得了顾客的欢心。通过专卖店、邮购和网上购物，“脏女孩”香皂在第一年就销量惊人。在包装设计时，也很注意香皂包装的结构。盒子比较好上货架，但与纸包装相比，顾客可以多次开关包装。为了解决这一问题，特别设计了一种每边有3个小孔的包装盒：顾客可以很方便地闻到，甚至窥视到里面的香皂。小

图6.1 图6.2

图6.1 满足消费者对产品的特殊需求是包装设计中重要的一点
图6.2 特殊的材质效果，极富装饰性，使产品个性独特

孔的位置也精心安排，看上去就像是包装画面中的肥皂泡。包装盒的设计也同样具有古怪、搞笑的意味，设计时故意加进一些胡闹的成分，这会让人们停留在产品上的时间延长。

包装设计的人性化趋向是力求将人与包装的关系转化为类似于人与人之间的一种可以相互交流的关系。是以人为中心，满足人普遍的生理、心理需求，合乎生态环境要求、合乎科技手段要求、合乎商品自身要求的包装。当前，设计越来越崇尚人性化趋向，它不仅仅是设计技术层面的人性化，更重要的是设计观念上的变革。包装设计既要满足消费者的物质需求，又要满足消费者的精神需求，能够引导消费，提高人们的审美情趣。“美只能在形象中见出。”审美是消费者对商品包装形式的关照。

不同概念的脏女孩香皂，每一种都有着不同的诉求，迎合了不同的消费者，但仍然具有轻松、俏皮的特点

图6.3

图6.4

人们熟知的面孔以一定程度的喜剧效果出现在包装盒上，让人忍俊不禁，从而亲和力倍增

■人性化趋向的包装设计体现

人性化趋向的包装设计体现在包装的造型结构、视觉形象、文化内涵和人体工程学等各个方面。例如，极具代表性的包装设计“酒鬼”酒，以类似于捆扎好的饱满的麻袋造型设计瓶型，乡土味十足。对消费者而言造型自然，返璞归真，表达出了历史的厚重感，加之造型表面麻袋的自然肌理，更是引发了人们对贴近自然、寻求真实的联想，使得包装形成了一种与人相互交流的关系。而有些产品的包装因其功能的不同，在设计上是有差异的。如有些包装结构在设计时，是将消费者的携带是否方便作为设计要考虑的首要问题。此外，包装设计还要考虑不同消费者的需求，如英国有一项研究是“开启食物包装所需的力度”研究，这对老年人、残疾人来说是很具有实际意义的。再如国外流行的“无障碍”包装设计，方便特殊群体的需求，很具有人性化。包装设计的人性化概念并不是单一的，这一点早在包豪斯时代就已有所认识。格罗皮乌斯曾经指出：“为了设计出一个物品——一个容器、一把椅子或一座房子——使它发挥正常的功能，首先就要研究它的本质，因为它要用于实现自身的目的，也就是说，实际地完成它的各种功能，耐用、经济而且美观。”

图形元素在包装中的应用日趋广泛，富有现代感的图形色彩与产品包装本身在结构上的结合，让人感到强烈的时代气息

图6.5

包装设计要努力体现人性化的关怀，满足不同消费者的实际需要，这将具有相当大的社会意义。揭示审美与社会生活的关联，在现实生活的有机联系中去把握实践与审美、认识活动的相互作用。在包装设计中体现人性化设计，使人感到更安全、更舒适、更有效、更快乐，才是真正成功的设计，这是每一个设计师要为之而奋斗的。

图6.6

宣传洗涤用品自当以清洁的画面吸引消费者，该产品却反其道而行之，用让人头疼的污浊图像与纯净无瑕的白色瓶体作对比，同时也点明了商品的功能性特征

茶是休闲娱乐的极佳饮品，运用轻松诙谐的卡通元素来进行设计表达，更加增加了作品的感染力

图6.7

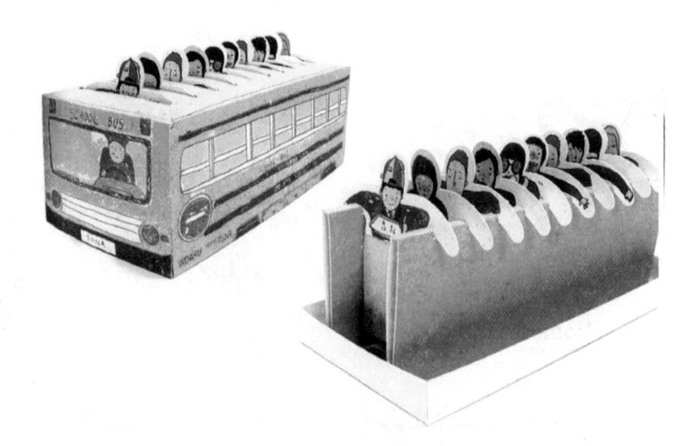

图6.8

茶包小人休闲沐浴的情景，让人顿生放松之感，会心一笑的同时，假日情趣油然而生

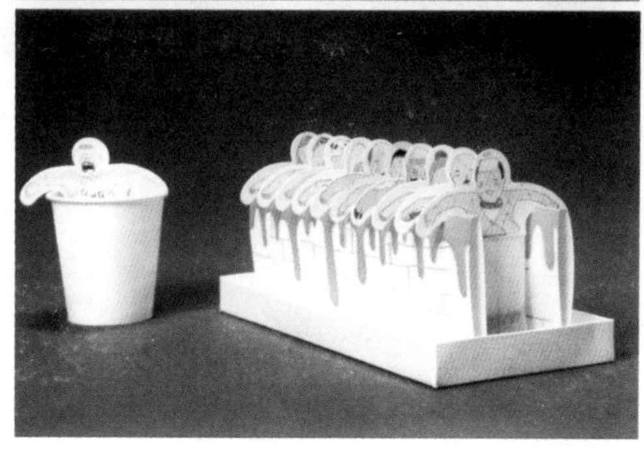

图6.9　幽默元素在包装中的应用似乎已经司空见惯，但如何在变化中寻求更好的心理认同效果，该图给了我们很好的启示

图6.10　迎合圣诞购物而设计的促销产品，简洁明了，阐明了促销时段

图6.9
图6.10

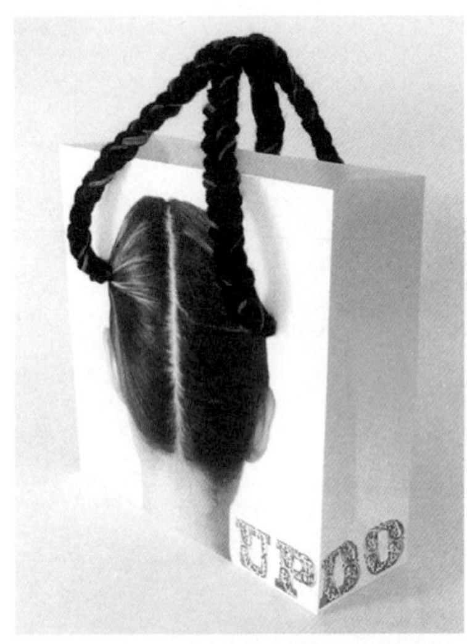

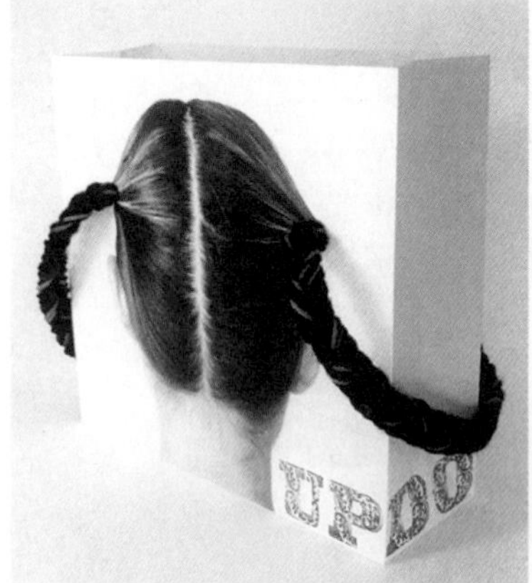

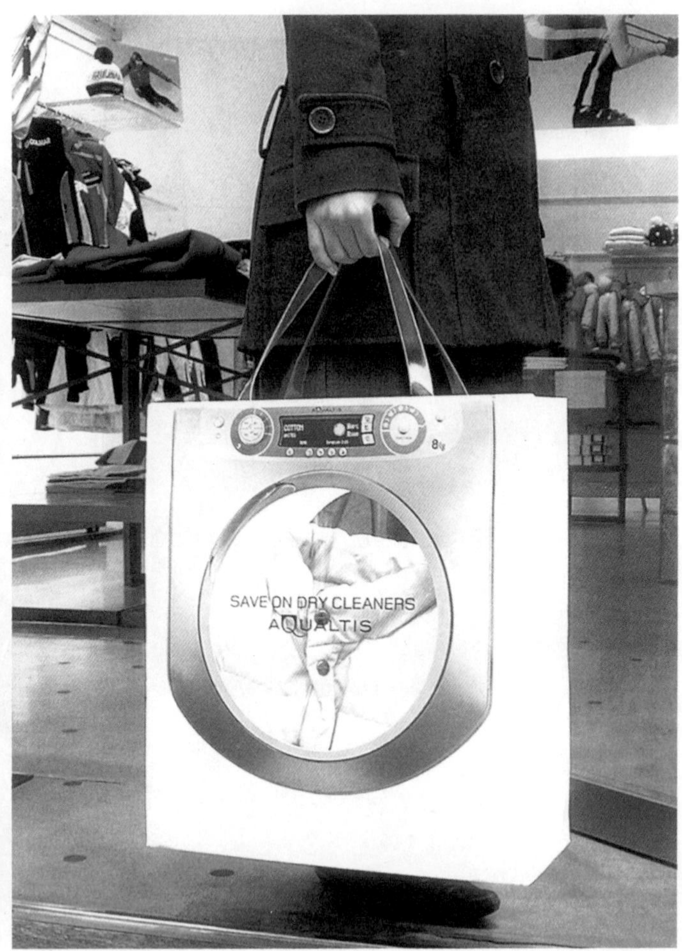

6.2便利的包装

■便利性包装的消费体现

随着人们消费水平的提高，目前大多数商品都是随着包装一起卖给消费者的。这些带有包装的商品，如何使消费者使用方便、携带方便和保管方便以及使用后的处理方便，是非常重要的。例如，洗手液，按压一次即为一次的使用量，不致浪费产品；婴儿洗发精特别设计为可单手使用的包装结构，以方便妈妈为孩子洗头发；木糖醇口香糖的便携瓶形设计以及可多次开启的瓶盖设计。这些包装结构都是为了使用方便的贴心设计。不同类型和用途的产品，它们对各种功能成分的要求也有不同的侧重。

因环保意识的高涨，商品使用后包装的处理问题也是设计过程要考虑的问题，使用过的包装还应便于回收和处理。显然，便利性已成为一切包装设计的核心，也成为当代消费者日益坚定的一种信念。

图6.11

方便消费者使用的贴心设计，飞碟装的动感外表，在便于携带的同时，提升了产品品位

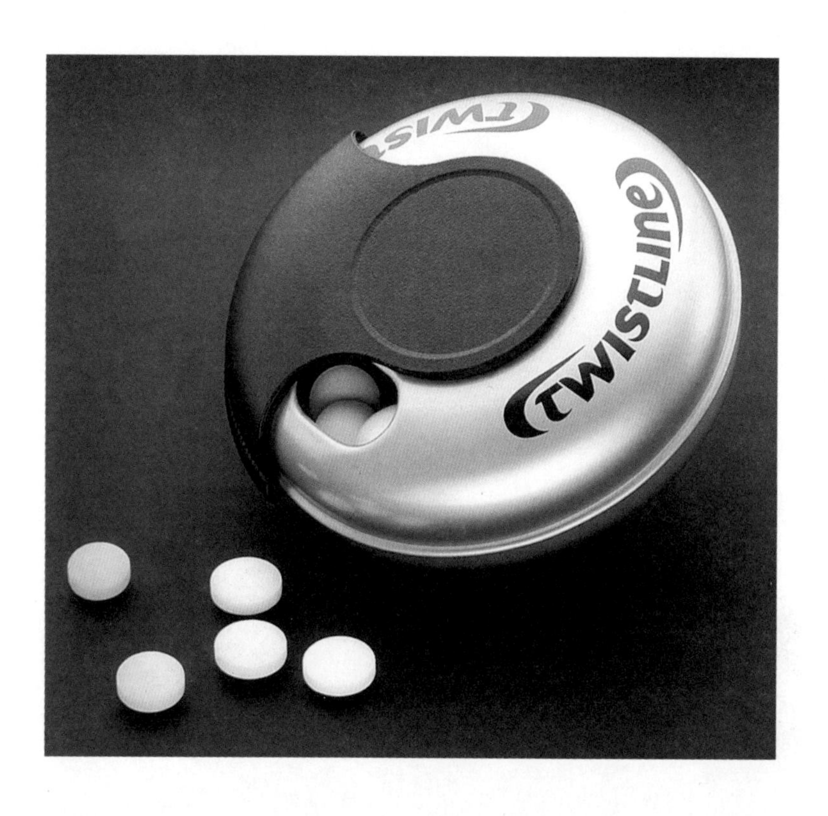

■便利性包装的设计体现

包装的便利性体现在从生产、运输到销售的全过程。在包装设计的造型和结构方面：要求包装的造型要简洁，符合流程化的生产需要。包材的选择要能够达到造型结构的要求，便于机械化的生产；包装产品的操作方面：包装的装置不要太过复杂，消费者将商品买回家后，拿取要方便。包装在使用过程中的重量、体积要合适，反复的开启以及开启后的保存要方便；运输和存储方面：为了便于运输，包装后的物品在重量、形状、体积等要素上，必须充分考虑各种运输工具的载重和内部空间尺度，包装造型要尽量的方正，便于码放，节省空间，以求高效的利用运输工具，降低产品的成本。要依据不同产品的存储条件来选择包装的材料，需要冷冻的产品要选择适合冷冻的包材，需要避光或干燥的存储条件的产品，选择包材时也必须要满足上述条件。销售方面：由于消费群体的差别，商品的销售市场有所不同。这需要对包装进行合理的分类设计，针对不同的消费者设计，才能更加方便消费者的选择，利于产品的销售。例如，洗发露的包装设计，有大瓶经济实惠的家庭装；有适合于不同发质类型的中小瓶装；还有便于浴室出售或外出旅行携带的按照一次的使用量分类的小袋装。这样便于商品销售分类包装的例子是非常多见的。

香烟和火柴的搭配可谓天造地设，另将打火石也收纳其中时，让人不得不对设计者的贴心赞叹不已

图6.12

图6.13
图6.14

图6.13 快捷食品的包装简单而易于使用，多彩透明的圆圈中产品的优秀品质清晰可见
图6.14 动感的图形元素，简洁、经济、使用便捷、造型简约

图6.15　简洁明快、富有幽默感的插图为商品增添了情趣，吸引了消费者的注意，充满了活泼自由的气氛
图6.16　对瓶贴的位置进行了独到的处理，新颖独特。瓶口贴心的饮用式设计让矿泉的饮用从此变得简单

图6.15
图6.16

轻便、快捷的商品包装给我们的生活带来了便利和极大的乐趣，对于消费者来说，商品的轻巧与外形的简洁，代表的是一种新技术的美学，会给人带来无穷的回味。便利的商品包装不仅给生活带来方便，更重要的是使消费者与商品之间的关系更加融洽，反之，有的商品包装需要消费者去琢磨它、理解它，甚至于在使用过程中还存在危害和不安全性。如有的酒瓶有防伪包装却忽略了安全的开启方式，必须将陶瓷的瓶口打破才能使用，这就很不安全。所以，便利的包装设计应该是最大限度地适应人的行为方式，体谅人的情感。

图6.17 将单体包装进行有趣的收纳与组合，统一了产品的系列感

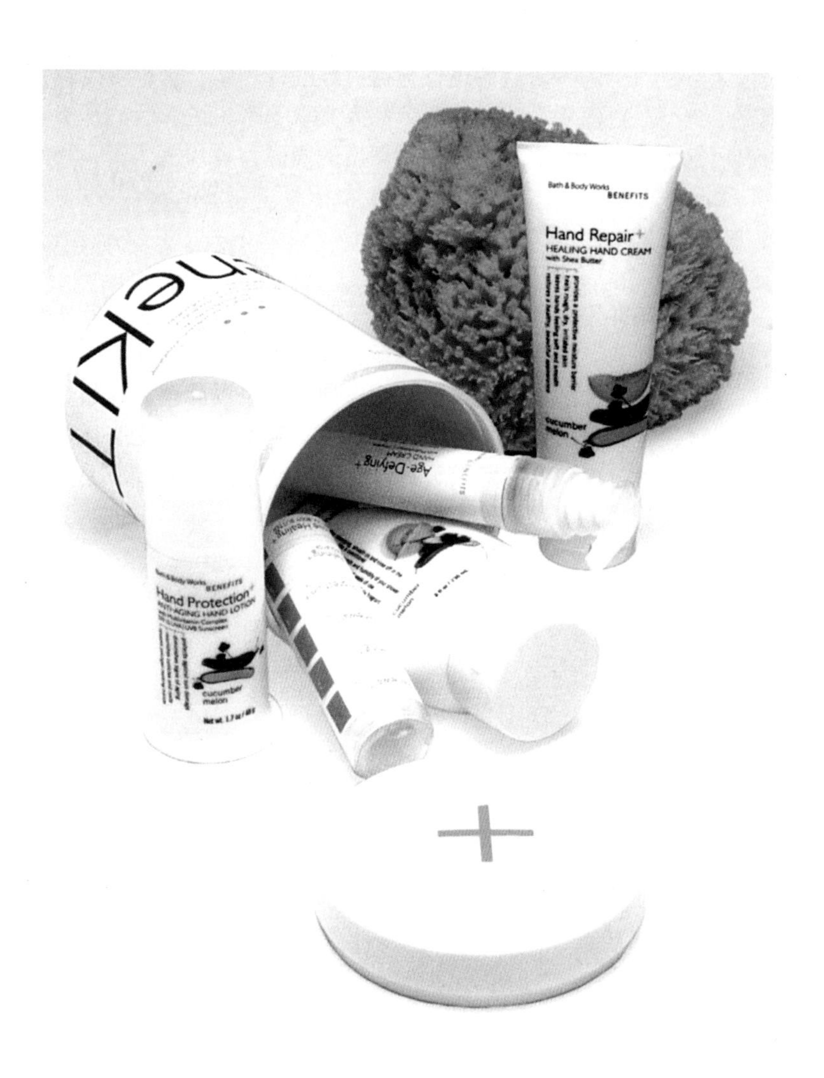

6.3绿色的包装

■人与生态环境的关系

人与生态环境的关系是目前人类面临的重大问题。随着人类生活水平的不断提高，我们的生态环境也遭到了相应的破坏。在包装设计中体现绿色观念的设计，用可以回收、可降解再生或天然的材料作为包装材料，对保护环境具有重大的意义。绿色观念的核心是“减少、回收、再生”原则，它强调尽量减少无谓的材料消耗，重视再生材料的使用。这一原则要求设计师应该具有强烈的环保意识，并充分考虑包装的结构、材料的运用及印刷工艺要求、最终的废弃处理等，努力倡导绿色包装设计意识。在包装设计中开发绿色环保生态性的包装材料，具有相当的实质性意义。例如，包装冰淇淋的玉米烘烤包装杯就是典型的环保可食性包装，既满足了包装要求又节省了包装材料而且无污染。使用可回收材料来增加循环利用率；使用可降解的材料，材料使用后可在自然环境中逐步分解还原，最终以无毒形式回到生态环境中去等，这都是节约资源的有效途径。

人类生存的地球村面临着有限的资源和有限的生存环境，人类要继续生存和发展下去，必须遵守可持续发展的设计观，提倡人与自然的和谐共处。中国传统哲学思想中的“天人合一”就强调了人与自然的统一，人的行为与自然的协调，道德理性与自然理性的一致，这种观点肯定了人是自然界的一部分，人与自然界相统一。对现代人的环境意识和人文意识产生了深远的影响。现代设计在很长的一段时间里，为人们创造现代化生活方式和生活环境的同时，也加速了资源和能源的消耗，并对地球的生态平衡造成了巨大的破坏。

■绿色设计思潮的形成

绿色设计正是在这样的历史条件和社会背景下，形成了跨地域、跨时代的设计思潮。目前，许多包装耗费着大量的自然资源，在包装使用过程中因不能分解的有毒物质对环境的污染，也造成了自然界的恶性生态循环。人类在日渐关注自然生态环境时形成的绿色设计理念，如今成为一种关注研究人与环境彼此协调的设计文化，是源于人们对于现代科技文化所引起的生态环境破坏的反思。体现在现代包装设计上，就是要大力提倡绿色包装设计。崇尚绿色包装，倡导绿色设计文化也是塑造包

在绿色思潮的影响下，保护生态的、可再回收利用的、给人以回归自然感觉的包装走上舞台

图6.18

图6.19

特殊的开放式装潢结构，提升了商品的品位，给人一种精致细腻的感觉，简单环保，便携式的包装设计应用在视听用品中，令人耳目一新

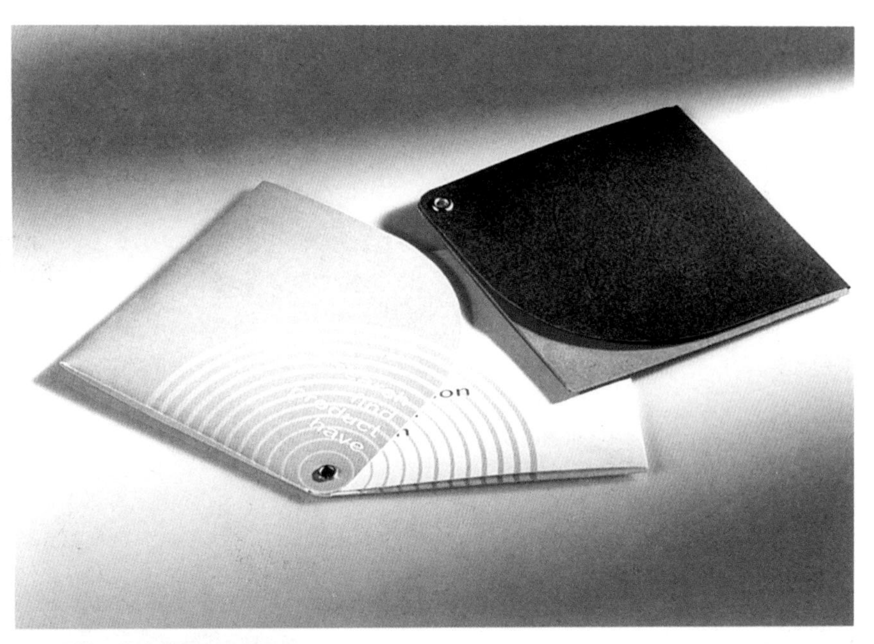

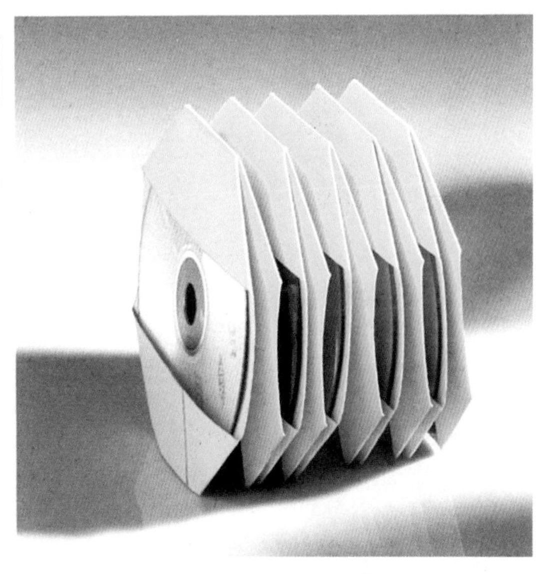

利用环保材料，辅以独特的纸盒结构，让消费者在使用的过程中享受到包装的乐趣所在，增强了产品的互动性

图6.20

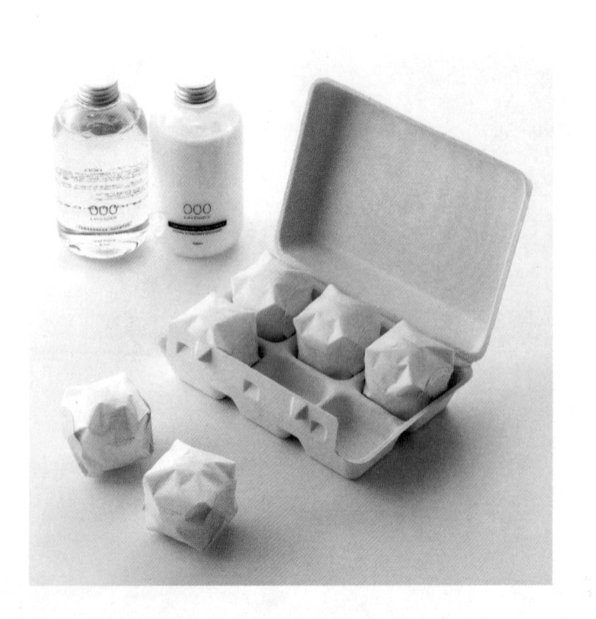

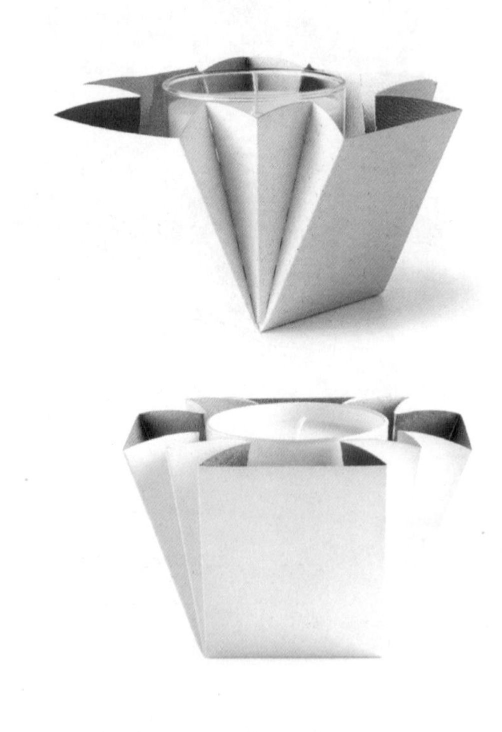

装新形象不容忽视的重要课题。绿色设计文化是一种观念上的变革，是一种理念性的设计文化，它要求设计师放弃那种过分强调包装外观上标新立异的做法，而将重点放在真正意义上的创新中，以一种更为负责的方法塑造包装新形象。因此，设计师应尽可能做到经济、合理、美观、实用。绿色包装设计既要降低包装成本，又要降低包装废弃物对环境的污染程度，设计师必须着眼于人与环境的平衡关系，以设计为先导，消除在设计、生产和销售过程中直接或间接的引起环境污染的因素。

图6.21

对于球类这种形态的产品来说，携带和运输的确是个让人头疼的问题，这款包装很好地解决了这个问题，纸品在结构上的巧妙设计，同时达到了环保的效果

图6.22　纸盒享有更大的设计空间与更艳丽的造型，是包装设计最为理想的素材
图6.23　适合的包装设计大大减少了包装的成本，同时突出了产品的个性特点

图6.22
图6.23

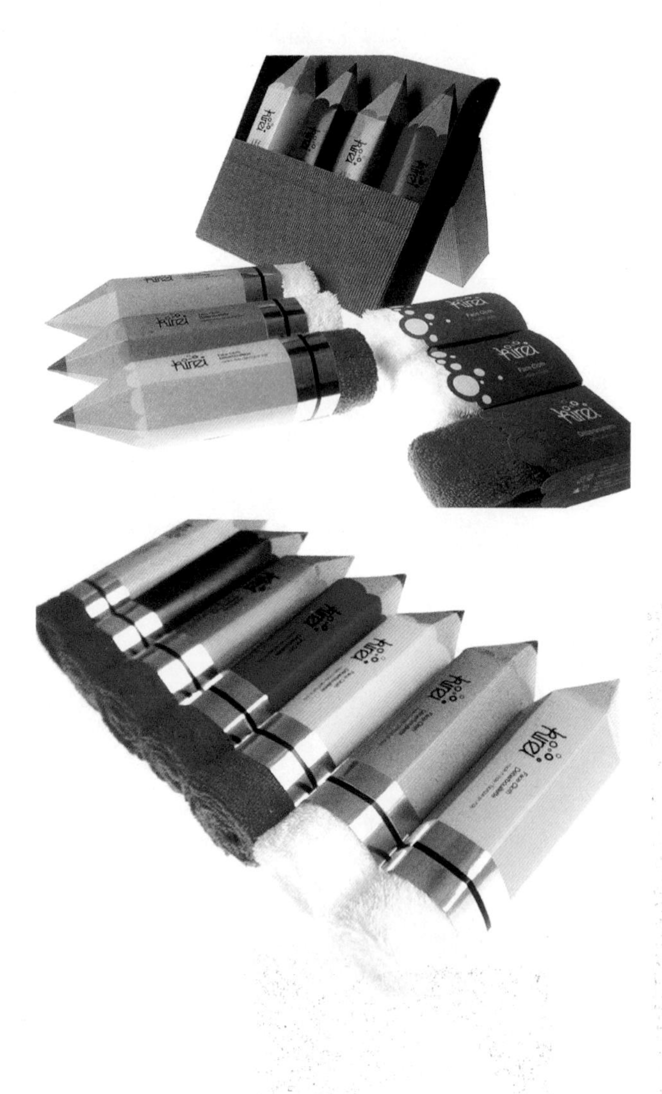

在包装材料的选择上还可选用一些自然材料，如用纸、木、竹、陶等自然材料进行雕琢加工，设计制作成各种包装物。或保持材料的原汁原味，寻求自然之美；或略加修饰而不夺天然之美；或精雕细刻体现人文之美等，都体现出设计中的环保意识。再如，纸类材料是包装中应用比较广泛的一种材料，纸的主要原料是天然植物纤维，在自然界中会很快分解，并可回收再生，环境污染程度低。如今，许多包装设计都选用再生纸品，体现出现代人关注环境意识的逐步增强。此外，使用自然材料，人们还可以从这些材料的视觉、触觉的感受中亲近大自然，体会自然纯朴的气息，这也是包装展现出的绿色情怀。包装设计时，除了选用环保、可循环、可降解、天然的材料之外，降低包装的使用量、缩减包装的容积、节省包装材料也是绿色观念在包装设计中的体现。这对设计师也提出了新的要求，在包装设计的过程中始终贯穿着节约的原则，尽可能减少材料的消耗，并努力使材料可循环再利用，将绿色环保意识落实到实处。尽量单纯化，明确回收与废弃分类标识，避免使用发泡塑料和有毒印刷油墨，减少商品包装在生产过程的污染，尽量做到全过程的绿色设计。

绿色包装已成为当今包装工业不可逆转的潮流，世界上许多发达国家相继出台了关于环境保护和绿色包装的法令法规以及具体的实施措施。我们坚信，随着我国社会主义市场经济的蓬勃发展，国家政策法规的不断完善，人们绿色意识的不断提高，“绿色包装”就在我们身边，让人们更好地关注人、关注人类的生存环境。

图6.24

利用纸质材料便于操作的特点，把商品的功能性与之进行组合，可以在产生丰富视觉效果的同时，展示商品的属性

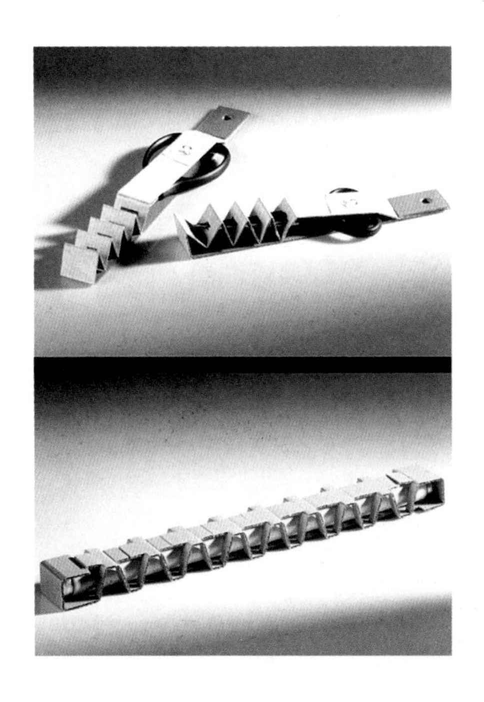

纸盒易于拆装，不仅可以很好地节约成本，环保高效，而且在结构的巧妙设计上也可以达到很好的保护产品的效果

图6.25

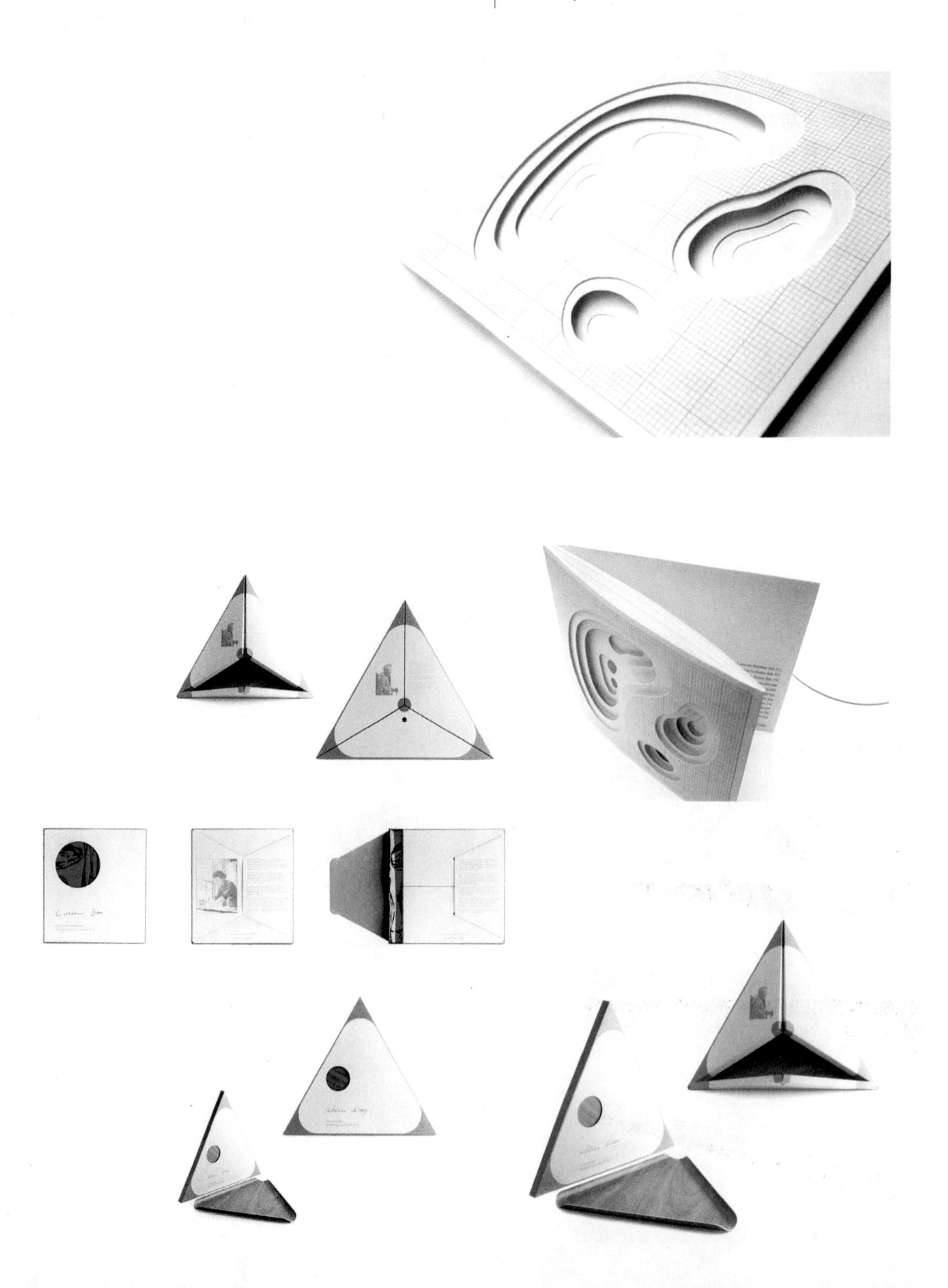

6.4新材料新工艺的包装

■包装使用价值的基本要素

商品包装作为一门边缘学科，自产生之日起就已具有多门类构成的综合性质。随着时间的推移，各种新材料、新工艺的不断涌现，它的综合性愈加明显，其构成成分更加复杂多元。现代包装材料的选择范围是非常广泛的，随着科技的发展包装材料也发生着巨大的变化，从传统的自然材料到现代的复合材料，品种繁多。常用包装材料的选择要本着适用、科学、经济的原则，目前包装领域常见的包装材料有：纸、塑料、木材、玻璃、陶瓷、金属、复合材料等。从天然到合成，从单一到复合，材料的相互渗透已成为发展的趋势和必然。

包装材料的选择要尽可能的简便，在保证包装保护性功能的前提下，最少量地使用材料，尽可能地用一些可以回收和再生的材料。在包装设计时如果能够使用较轻、较少的材料，那么在资源的浪费和污染上的花费成本可以大大减少；如果能够设计出小而有效的包装，那么产品的运输量就会增加，从而减少不必要的空间浪费。包装的重复使用比提取回收利用能更有效且更能减少资源的负担，当材料和资源变得稀少和昂贵时，回收处理的方式也会变得越来越昂贵，所以设计时必须要挖掘包装被重复使用的潜能。包装材料的新发现、包装加工工艺的进步以及包装工业的发展，都会从各个方面减轻资源的负担。新材料的开发，不仅有更高的科技含量和更加科学、合理，更加安全可靠的性能，也更加注重有益健康和无公害，更加追求材料的肌理等因素。从而替代传统材料，达到包装的最佳效果。包装是系统工程，包装材料和加工工艺是基础，是构成包装使用价值的最基本要素。在选用包装材料时，可以本着创新的精神结合不同的包装材料，利用其材质及特点来呈现不同包装的质感，为商品展现更为丰富的面貌。新的包装技术及加工工艺不断地研发出来，包装作品也将更为精致和独特，从普通的正方体结构到五花八门的造型都为当今的包装设计提供了更为广阔的发展空间。

图6.26 新材料的应用是环保理念引导下的另一重要包装材料领域，为塑造产品个性提供了广阔的空间

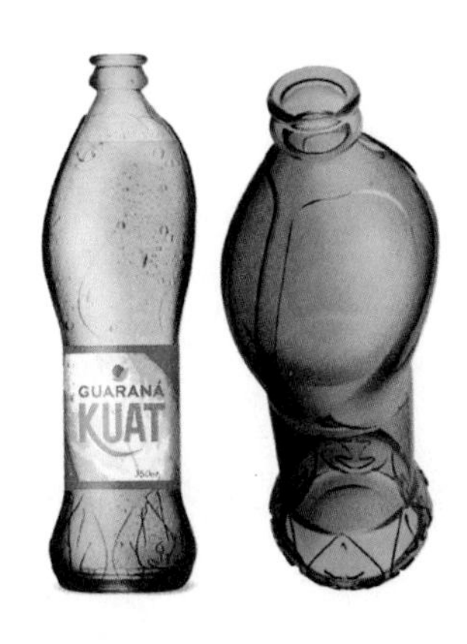

纸盒结构紧密，使其在运输沉重的杠铃中都可以毫发无损，可见纸张的魅力所在

图6.27

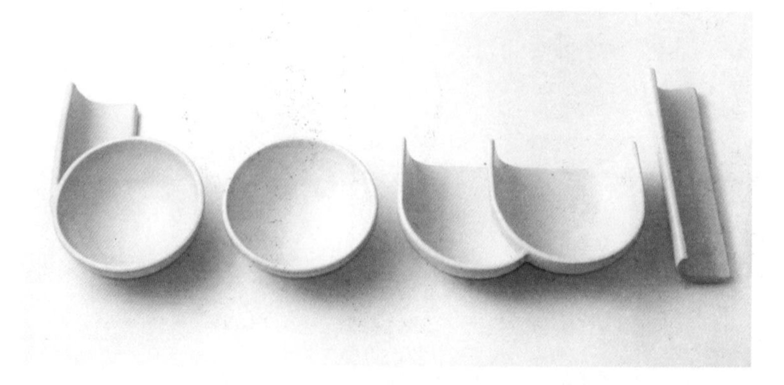

图6.28
图6.29

图6.28　采用了整体包装、分别打开的结构，对产品的不同用途进行了划分，同时提升了产品的档次和品位
图6.29　施华蔻用外部包装的肌理区分内部产品的不同应用性，惟妙惟肖

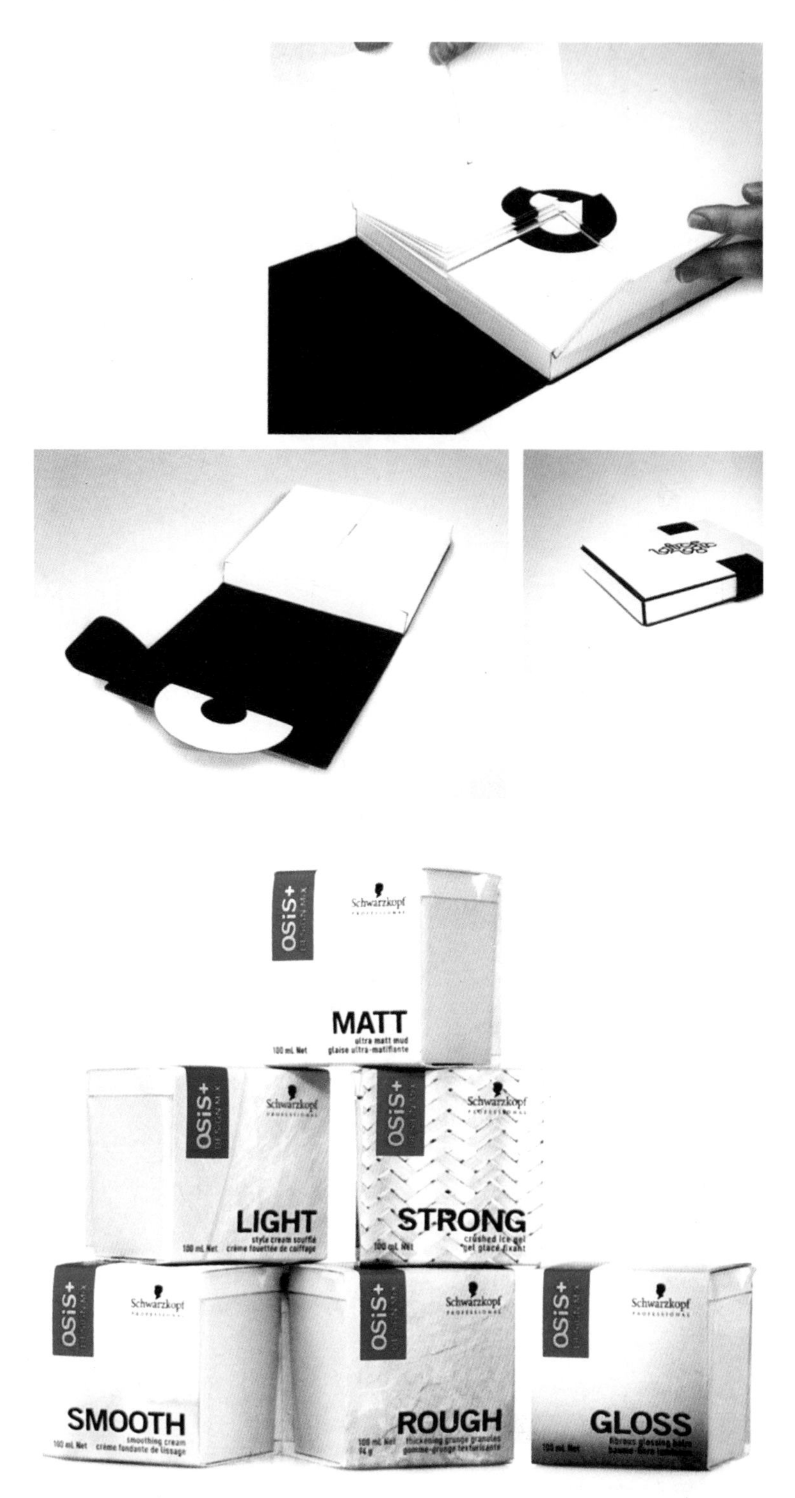

■新材料新工艺使包装形式更具时代性

包装材料的发展，是随着包装业科技的发展以及人类的需要、社会整体发展的需要而不断发展和演变的。在各种新型材料不断涌现的今天，作为设计师应该充分掌握新材料的各种属性、特征，并准确地把握材料的美感使之适当地运用于包装设计，达到最佳的效果。随着社会科技的发展，各种新型材料、新的加工工艺不断诞生并被利用，包装是运用新材料最多、最快的行业之一。一种新型材料的出现会使一种包装形式具有鲜明的时代标记，它代表的是一个新时代的文化信息，一种新能量在生活中的体现，也使包装更具时代感、流行性和普及性。

艺术与科学技术的结合在今天显得更加突出，也更加紧密了，它们彼此作用、相互制约，为现代包装设计的发展前景提供了更为广阔的空间和保障。正是在人的感受性的基础上，技术美以物的形式构成和形态特征获得了一种独立的存在价值，并发挥着社会——人的意义的象征职能。

新技术让包装设计达到了前所未有的高度，不断推陈出新是包装设计师们不懈的追求

图6.30

图6.31 图6.32
图6.33

图6.31 晶莹的外表，绚丽夺目的色彩，丰富了产品的时代感。将灯泡的形态运用到产品的容器造型上，令人耳目一新
图6.32 包装设计在节约成本、环保便利的基础上，增强了系列感，又可避免儿童误食
图6.33 运用特殊的加工工艺使产品的包装产生了多视角的立体效果，提升了产品的档次，富有品位

图6.34　独特的瓶形使产品个性十足，图形元素的意境与流淌效果结构的应用统一协调，注重了细节上的统一
图6.35　采用模拟再现的手段对商品的属性进行叙述，视觉效果直观，同时在同类商品中脱颖而出

图6.34
图6.35

6.5具有品牌文化魅力的包装

■包装设计与消费者的品牌认知

包装设计如何在喧嚣的商品市场中，以一种更为感性的方式取得成功? 商品能够让消费者感到“我终于得到它了”、“这就是我要的”，而不是通过大量的推销将商品硬塞给消费者。有时只是一两次的接触，消费者就接纳了这个品牌的产品。成功的包装设计不仅要有一个图文并茂的外观形象，更要借机营造一个令消费者印象深刻的品牌形象，提升企业和产品的品牌文化。品牌文化的核心是保持可信性与持续性。尽管消费者的愿望是持续存在的，但这种愿望却随着自身的改变而发生着变化，设计是塑造当今消费者对多种品牌认知最有力的工具。

在日益激烈竞争的商品市场中，包装设计应该是企业文化和品牌个性的塑造，包装形象也应该是视觉效应和心理效应的统一。因此以设计创造品牌未来，提升品牌文化的魅力，使产品增值，具有市场竞争力并可持续的发展，是塑造包装设计形象所要考虑的重点。所谓“乱中见整”，实际说是形式美上的“多样统一”问题，也就是变化与统一的问题。

■品牌文化

“品牌文化”是指产品的风格、档次、质量、可信度，消费群体等的市场定位及企业在人们心目中的形象、格调、品位等文化现象。品牌不仅指品牌名称、标识等视觉形象特征，更重要的是其内在的价值观、信仰、情感等称之为文化的品牌个性，即品牌所蕴含的文化特征，体现企业要建立的一种生活方式或一种精神上的需求。消费者认品牌选购商品，已不再是单纯的购买产品，同时还获得了品牌文化带来的心理满足，品牌文化已成为品牌经营的强大支柱。

包装设计在创新包装形象时，只有在了解消费者生活方式的基础上熟悉消费心理，塑造鲜明的品牌形象，构筑特有的品牌文化，才能使包装新形象符合消费者的品位，满足其视觉需要，才能获得特定消费群体的青睐。作为品牌资产的价值，品牌文化可以使消费者明确清晰地识别并记住品牌的特征，一个设计新颖的包装形象在传播过程中，能给消费者留下深刻的印象。能使消费者迅速联想到

图6.36

品牌在消费者眼中的认知度，无疑是举足轻重的商品销售条件

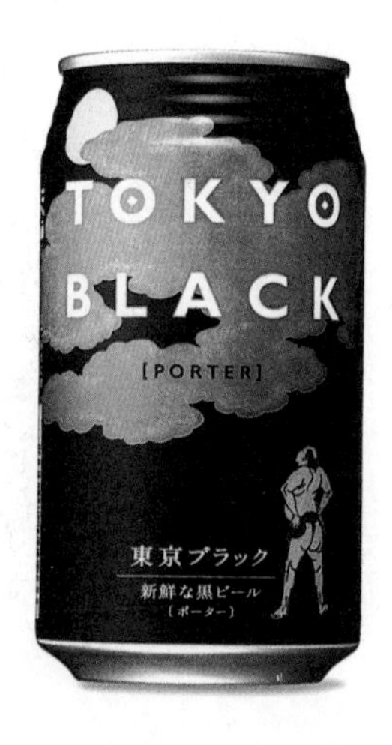

图6.37 乐购的品牌包装形成系列，商品形象与图形俏皮地结合让休闲趣味甚浓
图6.38 Jason Markk波鞋清洗剂一直很受潮人们的喜爱，工具箱设计清新脱俗

图6.37
图6.38

图6.39

透明的盒子充分利用到了产品本身的漂亮色彩以及内在的诱惑力，方便随时使用，具有设计感

企业和产品形象，建立起对企业产品的良好印象和信赖关系，有利于企业品牌文化的提升。品牌文化是建立在产品和消费者心目中的桥梁，包装是消费者面对产品的第一关，包装形象直接是产品形象，因此产品包装视觉形象是体现品牌文化的重要途径。

包装设计视觉形象应该考虑到图形、色彩、商标等所有元素的综合构成和整体品牌设计的协调统一。例如，都乐（Dole）公司推出的一款健康零食——都乐水果碗，以为孩子购买零食的母亲们为销售对象，在原有的包装上加入了飞舞的水果和跳跃的文字等一些趣味性的设计。当公司发现那些妈妈们和同龄的女性们是为自己购买水果碗时，就意识到在产品的包装中还应强调女性消费者所追求健康的理念，对产品进行重新设计。再设计后的包装视觉效果强烈，包装上令人垂涎欲滴的水果图像向女性消费者传达了“新鲜和健康”的信息。非常能够激发消费者的购买欲望。

图6.40　视觉效果强烈，水果新鲜诱人，非常能打动消费者
图6.41　来自巴塞罗那的新鲜让我们似乎嗅到了大洋彼岸的一缕清香

图6.40
图6.41

包装设计形象中的信息传达要强调品牌观念，对消费者的理解和对不同类型消费者生活方式差异性的把握，强调现代信息传达以简洁明了的方式表现包装主题，强化品牌意识，努力提高人们的注目率。包装作为产品的外衣，是产品直接推销的载体，提升了产品的品牌形象。品牌文化赋予了包装形象无穷的魅力，充分了解商品的属性及定位，合理运用视觉语言将包装新形象与品牌文化融为一体。

图6.42 品牌理念在包装设计中的应用往往比包装本身更有意义。运用视觉语言将包装设计形象与品牌文化融为一体

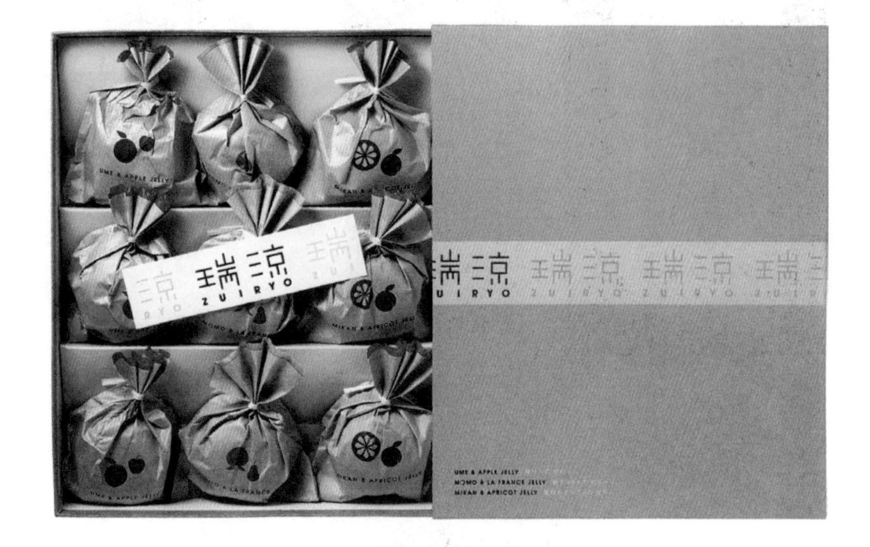

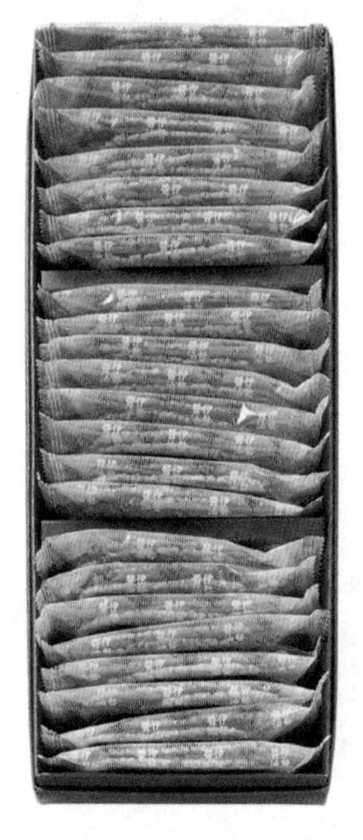

图6.43　伏特加变化多端的包装设计让酒带给我们的享受从味觉拓展到了视觉
图6.44　整齐划一的包装在统一中富有变化，在变化中又突出了品牌特点
图6.45　保健药品的包装设计利用杠铃形象传达出力量和健康的感觉

图6.43
图6.44　图6.45

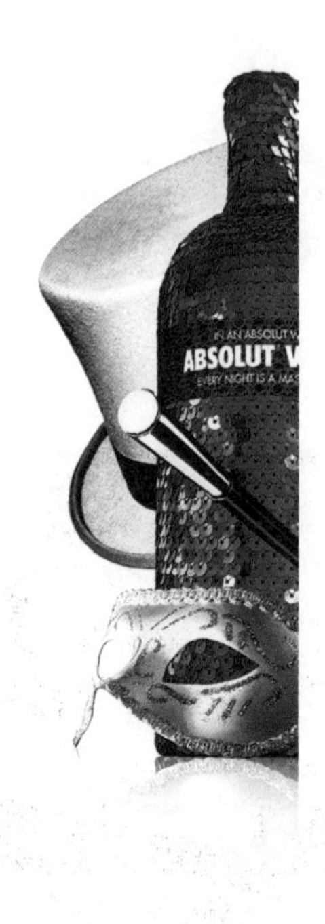

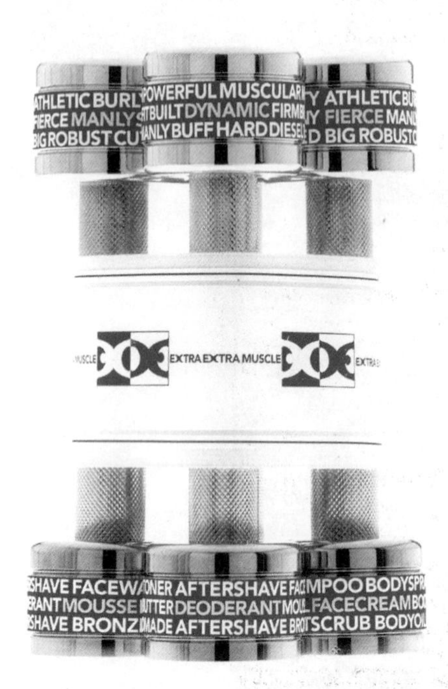

6.6展现民族风格的包装

■民族化设计风格产生的背景

民族化的设计风格是在民族的特定社会结构、自然环境、风俗习惯、审美文化及民族心理状态等因素中产生的。包装设计作为民族文化的一部分，要反映民族的心理特征，并将这种文化观念和民族性格表现在设计中。有些人一提到民族化风格时，就会搬出古老传统的图案、国画、书法、篆刻、民间剪纸、刺绣等元素，这势必会使民族化风格的体现流于形式，既不生动，也不感人。无论哪个民族的文化都是以自己特有的面貌出现的。如德国人的严谨、法国人的浪漫、日本人的灵巧，中国人则大多追求和谐、圆满、喜庆吉祥，这些都是不同民族的特性和文化观念。种种民间生活中的包装是人类向自然学习的继续，是智慧、传统、文化的结晶。任何艺术的形式绝不会轻易地放弃其传统特性，其实所谓的民族风格和形式，是更大程度上顺应了广大人民群众喜闻乐见的习惯。

图6.46

书法字体富有强烈的装饰效果，洋洋洒洒的笔触，星星点点的花朵，将把酒当歌的气氛渲染得淋漓尽致，让人感到一种清澈的美，充分体现了清酒的质感

随着生活的习惯变化，旧的形式不能够满足当今人们的需求。在民族风格的基础上加入创新的元素，为使消费者能够接受推陈出新的产品，在包装设计中，既要开拓新的设计款式，又要保留原本的传统文化特色，从而与现代人的审美和生活需求相结合。从某种角度来看文化的发展，民族传统中饱含着深层的情感，整个世界都出现了文化复归的现象。民族的元素正是现代设计中不可缺少的重要因素和支撑，只有民族的，才是世界的。如今，设计师们将注意力转向自己本民族的文化，极力将其与现代设计融为一体，这种回归意识与设计意识相结合，体现了民族审美情趣的强化。由于世界各国文化上的差异，有时会出现理解与文化上的距离，这种距离往往又会使人由于新鲜感而产生兴趣。因此，在国际大市场中，以民族为本位的设计战略思想越来越受到重视。

图6.47　采用音乐符号和纯净的色彩，表达了产品的个性，流动性的视觉效果，充满想象力
图6.48　卡通图案作为休闲食品的包装打破了方盒的呆板，营造了轻松搞笑的气氛

图6.47　图6.48

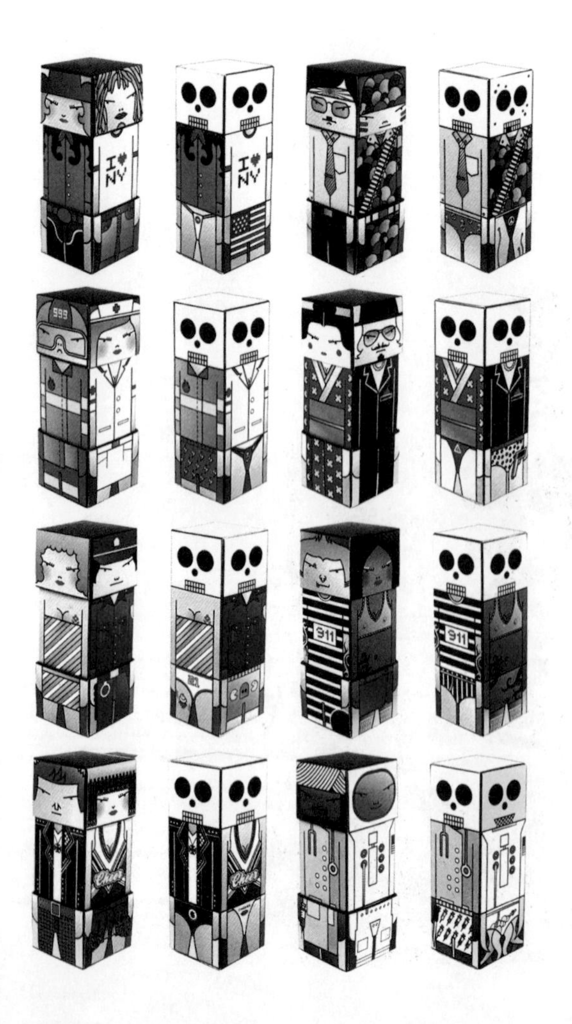

■民族文化的包容性

包装设计体现了历史发展的过程和民族文化的发展历程，它们是叠合、统一的，也是民族文化不断积淀发展的结果。在“心”的层面，所谓的教化、品位以及文化类型和特质的认识与感悟，最终决定着人们的审美价值取向和评判标准。因此，要强调本民族的精神理念，使民族文化与现代意识有机的结合。中华民族的民族文化极具识别性，蕴涵着古老的文明、悠久的历史、灿烂的文化，渗透着东方神韵的美感。展现民族风格的包装，促进了各民族传统文化的完善与发展，推动了国际文化的交流。

图6.49

该包装采用日本传统的扎结手法和图案，色彩丰富，形态古朴

图6.50 《十年》——系列礼品包装设计。传统图案的现代化运用使包装迎合了更多人的情感需要
图6.51 “老鼠爱上猫”婚庆用品专卖店系统

图6.50
图6.51

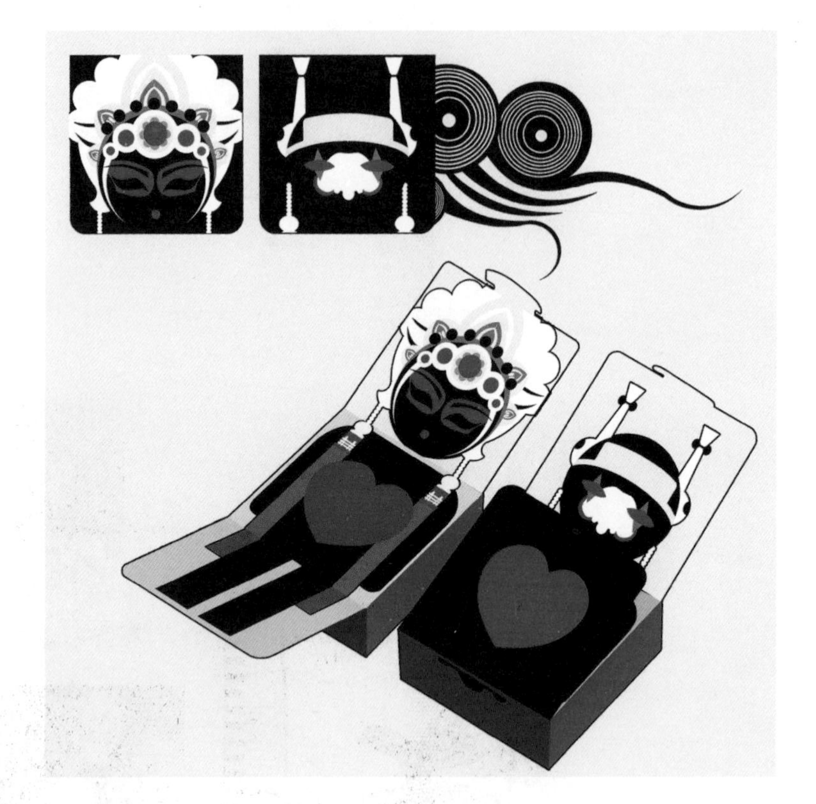

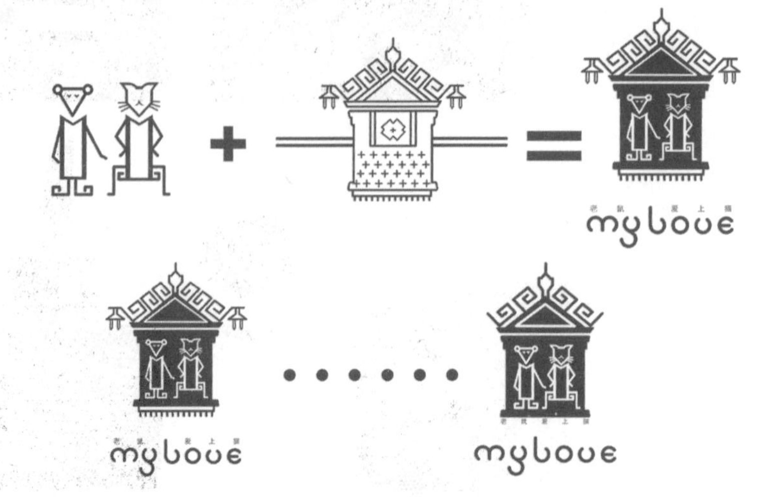

Крынка
сметана
15%
Крынка
сметана
35%
Крынка
сметана
35%
~НАТУРАЛЬНАЯ СМЕТАНА~
Фермерский продукт
Крынка
250г.
~ВЫСШЕГО КАЧЕСТВА~

包装设计研究
江南大学设计学院视觉传达系“平面设计”工作室

课题研究目的
包装设计是视觉传达设计专业方向的主干课程，是集容器结构、视觉传达为一体，涉及商标、文字、图形、色彩、版式等内容的系统性设计工程。本课程教学系统讲授有关包装整体配套性及视觉设计的基本理论知识。并通过设计训练，使学生掌握包装装潢的基本设计理论和设计方法，培养学生具备与社会密切结合、理论联系实际、整体的策划理念及动手能力。通过本课程教学要求学生掌握：容器造型、纸盒结构设计，并符合包装基本功能要求；单体包装设计；配套性系统包装设计。

什么是包装?
包装是品牌理念、产品特性、消费心理的综合反映，它直接影响到消费者的购买欲。在生产、流通、销售和消费领域中，发挥着极其重要的作用，是企业界、设计界不得不关注的重要课题。
包装的功能：保护商品、传达商品信息、方便使用、方便运输、促进销售、提高产品附加值，具有商品和艺术相结合的双重性。

现代成功包装设计的基本特征
货架印象
可读性
外观图案
商标印象
功能特点说明
提炼卖点及卖点图文化即创意性、独特性

包装构成要素
商标设计——文字商标、图形商标以及文字图形相结合的商标
图形设计——实物图形，装饰图形
色彩设计——要求醒目，对比强烈，有较强的吸引力和竞争力
文字设计——文字内容简明、真实、生动、易读、易记，反映商品的特点、性质、具备良好的识别性和审美功能。

现代包装设计方法
风格上——或粗犷或纯朴或细腻，以满足商品个性诉求为主。
外形上——个性化，多元化。全包、或透明、或半遮半掩、或繁复、或简约、或层层叠叠、或参差无序。
结构上——解构、重构，二维与三维结合，视觉效果新颖。
色彩上——自然柔和，或艳丽刺激。为包装增添戏剧性和趣味性。
材质上——多样，丰富。运用变形、镂空、组合手法来丰富材料的外观，赋予材料新的形象，强调材质设计的审美价值。

7.1课题1 / 偷·概念转换研究

作业要求：通过社会调查与需求分析，提出设计概念，强调概念转换，对于商品的包装设计规划其概转换的可能性。通过旧元素、新组合，将传统视觉经验的物品及其包装通过“偷换”的方式转嫁到新的商品包装中，给消费者带来全新的视觉感受和强烈地体验冲击。
建议课时：16～20课时
作业呈交方式：效果图电子文档及实物拍摄照片。
尺寸：210mm×285mm；精度：300dpi；格式：TIFF
作业提示：
1. 以概念的转换贯穿所要设计的产品包装。
2. 设计要新颖、独特（不得使用市面上常见的包装形式）。
3. 设计构思做简短的文字说明。

图7.1　将胶带卷放置在外观是磁带形状的架子上，胶带的拉动仿佛磁带的转动，很好地体现了设计的概念转换

图7.1

图7.2 设计者：程玟平、昝赤玉
指导教师：魏洁

茶包包装。与茶杯配套售卖，一杯中内含七支棒棒茶，插于杯盒内部，一盒为一周用量。杯身设计为茶叶棒插入图样，整体造型轻松、时尚，符合年轻人的口味，且此包装便于携带

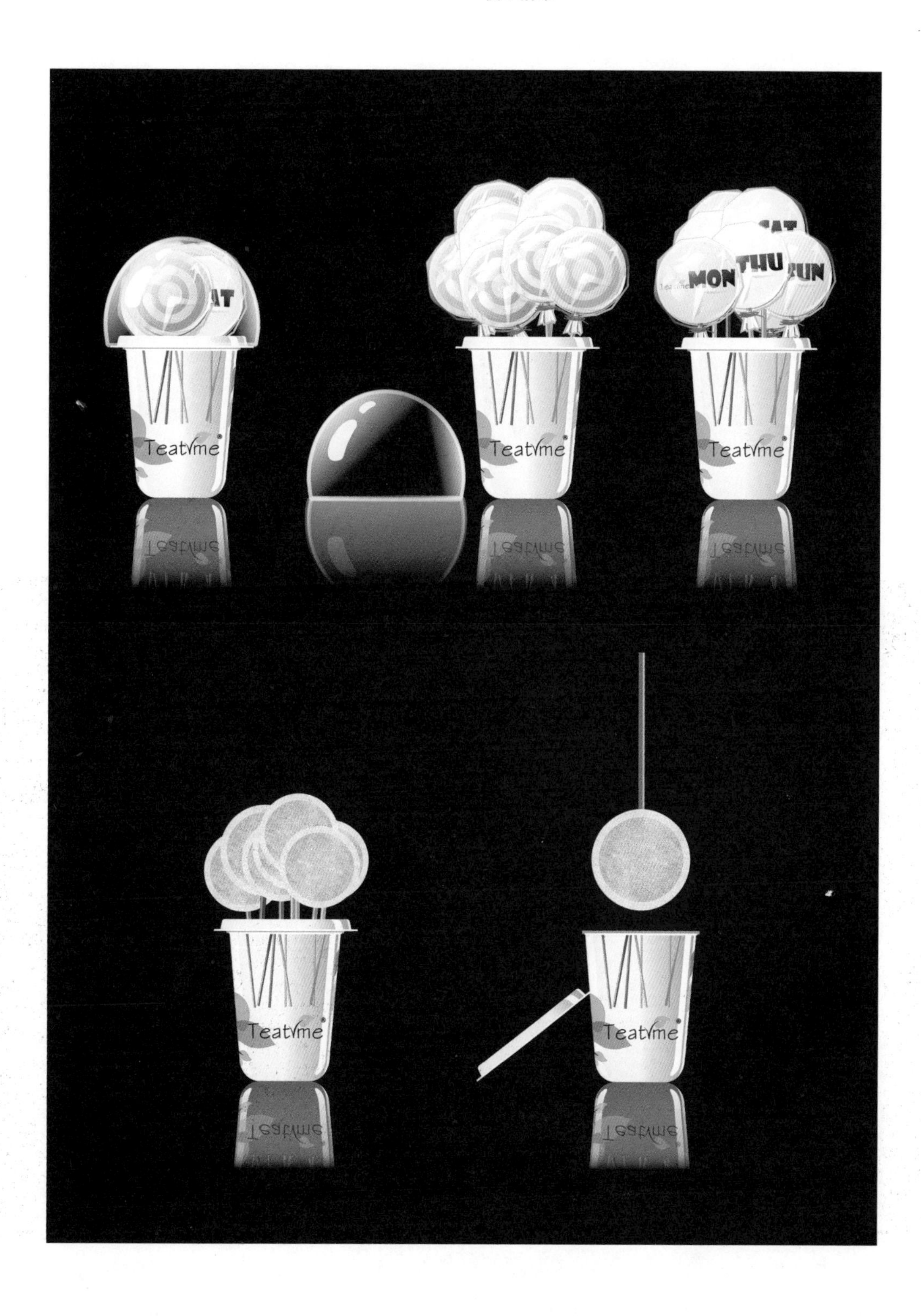

莲蓬巧克力包装。“偷”的理念，让我们想起了小时候摘莲蓬的难忘经历，于是我们决定将莲蓬和巧克力相结合，对巧克力做包装设计：将巧克力的包装盒做成莲蓬的形态，当人们吃巧克力时，只有亲自掰开莲蓬才能取出里面的巧克力，这种体验又会勾起我们儿时的美好记忆。同时我们为此款巧克力做了相应的品牌设计——chynna：与China同音，不仅代表中国，同时也要走向世界，将其打造成世界级的国际化品牌。

图7.3（a） 设计者：陈海静、董玉妹
指导教师：魏洁

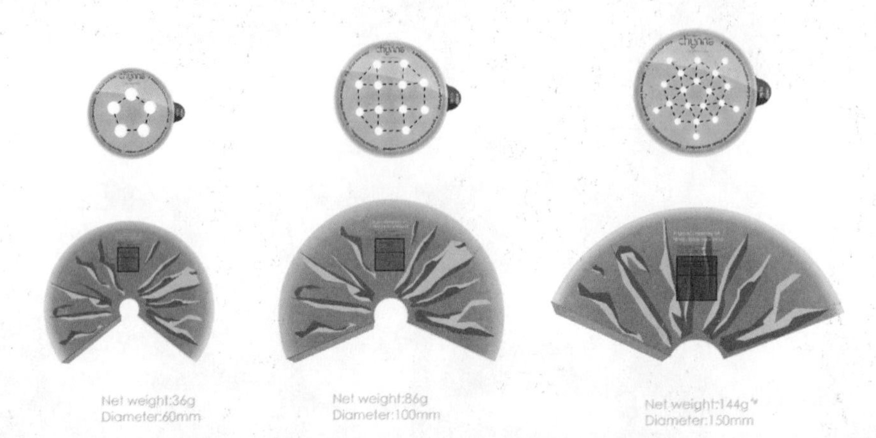

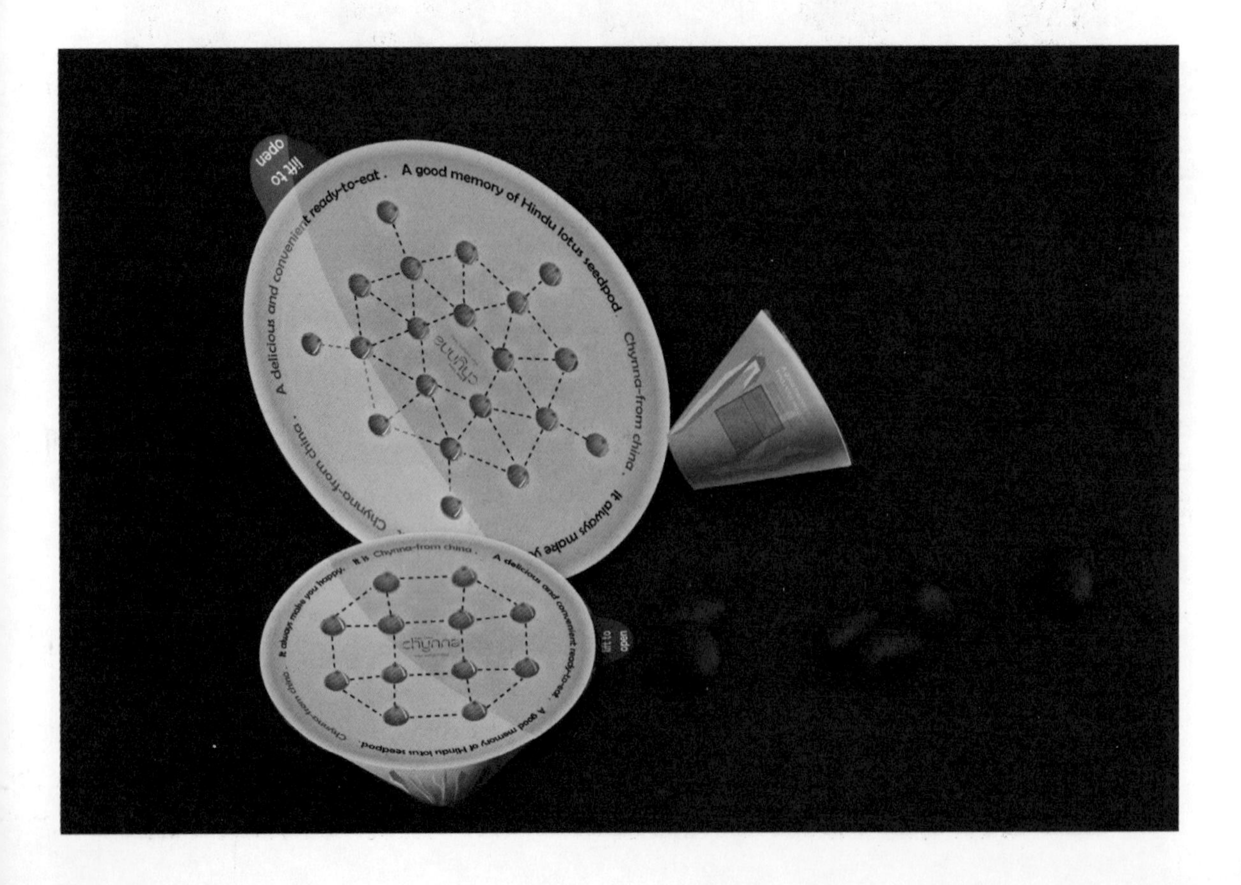

图7.3（b）

展销效果展示：置于莲蓬杆状的支架上，顾客可通过用摘莲蓬的方式取下

7.2课题2 / 情 · 情感设计研究

作业要求：以情感作为包装设计的切入点，设计强调人与物的情感交流，通过对产品包装各要素进行整合，使产品可以通过声音、形态、喻意、外观形象等各方面影响人的听觉、视觉、触觉从而产生联想，达到人与物的心灵沟通从而产生共鸣的表达方式。
建议课时：12～16课时
作业呈交方式：设计实物及照片，效果图电子文档。
尺寸：210mm × 285mm；精度：300dpi；格式：TIFF
作业提示：
1. 寻找情感故事作为设计的切入点，将情感体验转化为产品与消费者沟通的桥梁。
2. 设计要新颖、独特（不得使用市面上常见的包装形式）。
3. 设计构思作简短的文字说明。

圣诞回忆，包装将卖火柴小女孩的故事引入其中，在引起消费者强烈心理认同感的同时，提升了产品的品质和档次

图7.4（a）

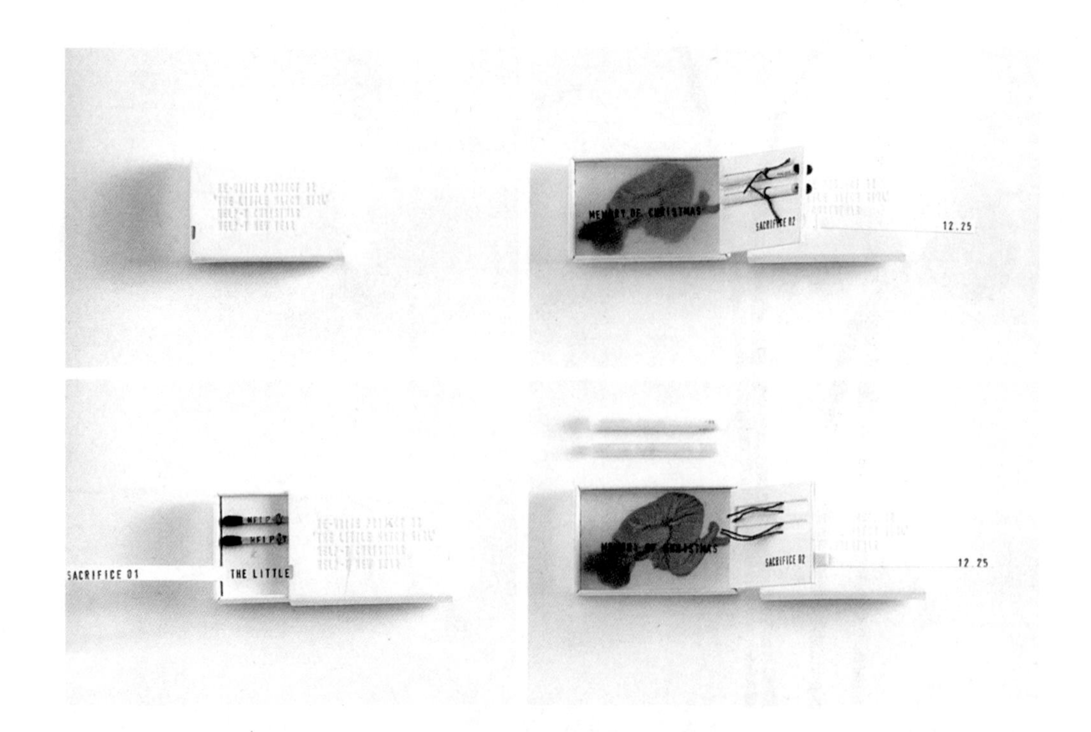

设计的根本在于创新，创新的意识和技巧需要培养。包装设计教学必须改变传统的、固定的教学方法，以学生为本，结合时代特色和市场要求，运用启发式教学方法，才能有效培养学生的创造性思维，造就创新型艺术设计人才。包装设计中往往局限于对产品表层的装潢设计，想象力和创造力的培养是造就未来成功设计师的关键，所以应注重包装设计的创造性引导，突出创造性思维的培养和发展

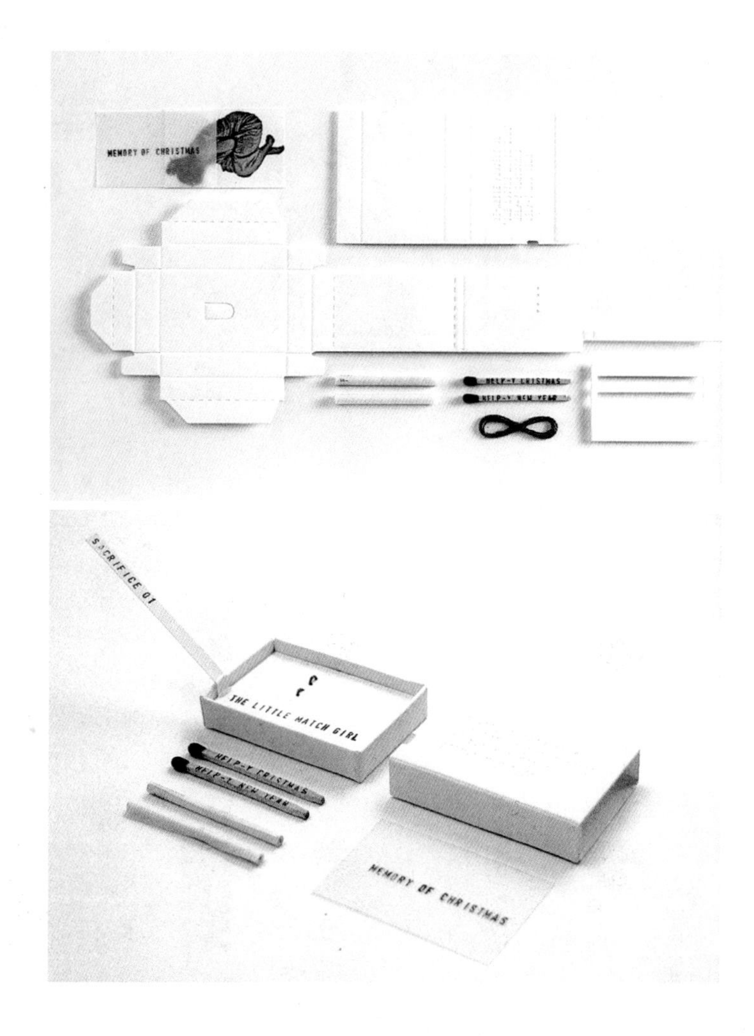

图7.4（b）

“沐日闲食”主题变换餐厅

图7.5（a） 设计者：聂铮、王童瑶
指导教师：魏洁、江明、崔华春、方如

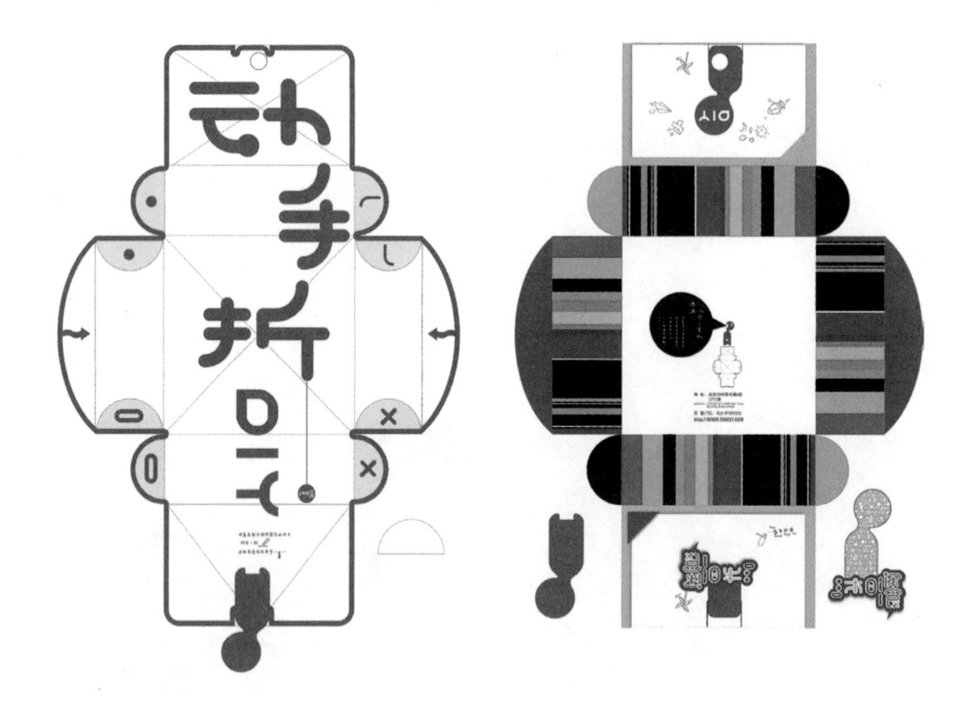

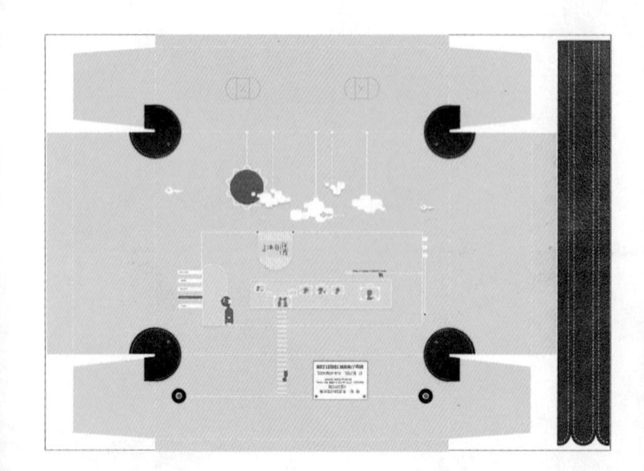

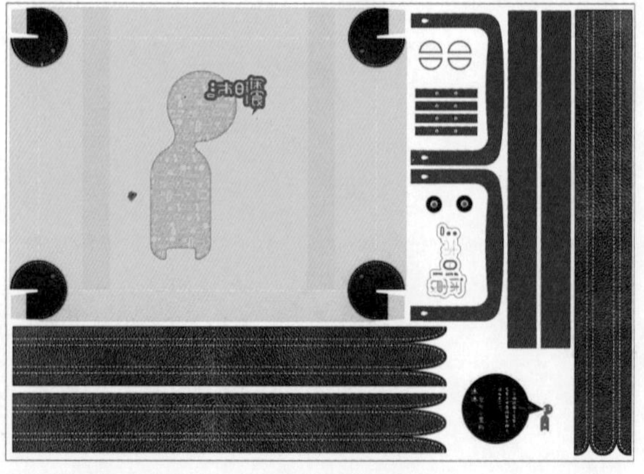

图7.5（b）

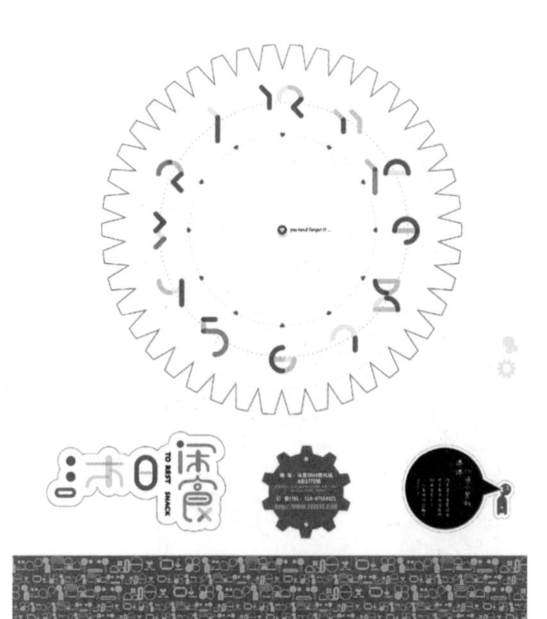

我们关注人们在现代生活中的种种状态，发现普遍都带有一些灰色的气息。

生活的紧张、时间的压迫、再加上情绪上的不稳定和背负着精神的包袱，这些负面的状态都或多或少的缠绕和影响着人们的日常生活。

所以我们拟定设计以缓解人们身体和精神上的压力为基础目的。

民以食为天，在现代社会中食物带给人的已不仅仅是充饥果腹的效果，而是一种享受、一种文化，更是一种行为的艺术。因此我们搜索出休闲饮食这个关键语，把它作为载体来解决我们所关注的问题。

“狗的世界总是那么简单，他们整天只为一件事情兴奋着——有什么吃的。”你吃东西的时候，他会用渴望的眼神看着你，你给它东西吃的时候，它会特别开心地摇着尾巴，人们的世界也因为狗的忠实陪伴多了一份乐趣。Bingo 狗粮设计将狗狗想吃东西的神态结合在包装袋上,让人们回想起狗狗想吃东西神态的记忆,从而唤起人们的情感,促使人们购买。

图7.6 设计者：滕晓萌、周杨
指导教师：魏洁

Bingo鱼肉味狗粮包装设计

BINGO狗粮包装

BINGO Dog Food

我要吃

Bingo鸡肉味狗粮包装设计

Bingo牛肉味狗粮包装设计

7.3课题3 / 玩 · 互动、趣味研究

作业要求：选择生活中一种常见的产品作为设计主体，为其设计单体包装，设计强调互动性。是定义人与其他人、人与设备、人与环境以及延伸到设备与设备之间的行为以及关系。

建议课时：8～12课时

作业呈交方式：设计实物及照片，效果图电子文档。

尺寸：210mm×285mm；精度：300dpi；格式：TIFF

作业提示：

1. 以互动性和趣味性的概念贯穿所要设计的产品包装，并利用视错觉的特点巧妙设计。
2. 充分考虑包装的立体特性，以及各面之间的关系。
3. 图形语言的选择要结合产品的特性。
4. 设计构思做简短的文字说明。

图7.7

看似平淡的鞋盒包装，打开盒盖后，除了一双你喜爱的鞋子之外，还有另一番“天地”，带给人意外的惊喜。在瞬息万变的社会中，设计艺术的互动特征越来越突出。人们的消费水平日益增高，消费者对包装的需求不再局限于质量、环保、美观、使用等作用上，消费者希望产品的包装在继承原有的功能上能更具有活力，能给消费者更多的信息，于是互动形式的包装理念产生了。互动包装设计将人与人、人与物、人与环境有机的联系在一起。它主要意义在于：包装与包装之间、包装与产品之间、包装与生产商之间、包装与消费者之间、包装与环境之间，在设计中强调很强的互动性

图7.8（a）

图7.8（b）

来自 WDARU 工作室的设计，独特的茶包造型，泡茶的小纸袋其实也可以设计得如此可爱，泡在杯子里仿佛是一个个卡通小人在泡澡。看他们懒洋洋的舒服神情，真不好意思把他们拽出来。不过他们的“洗澡水”味道如何呢？自己品尝一下吧

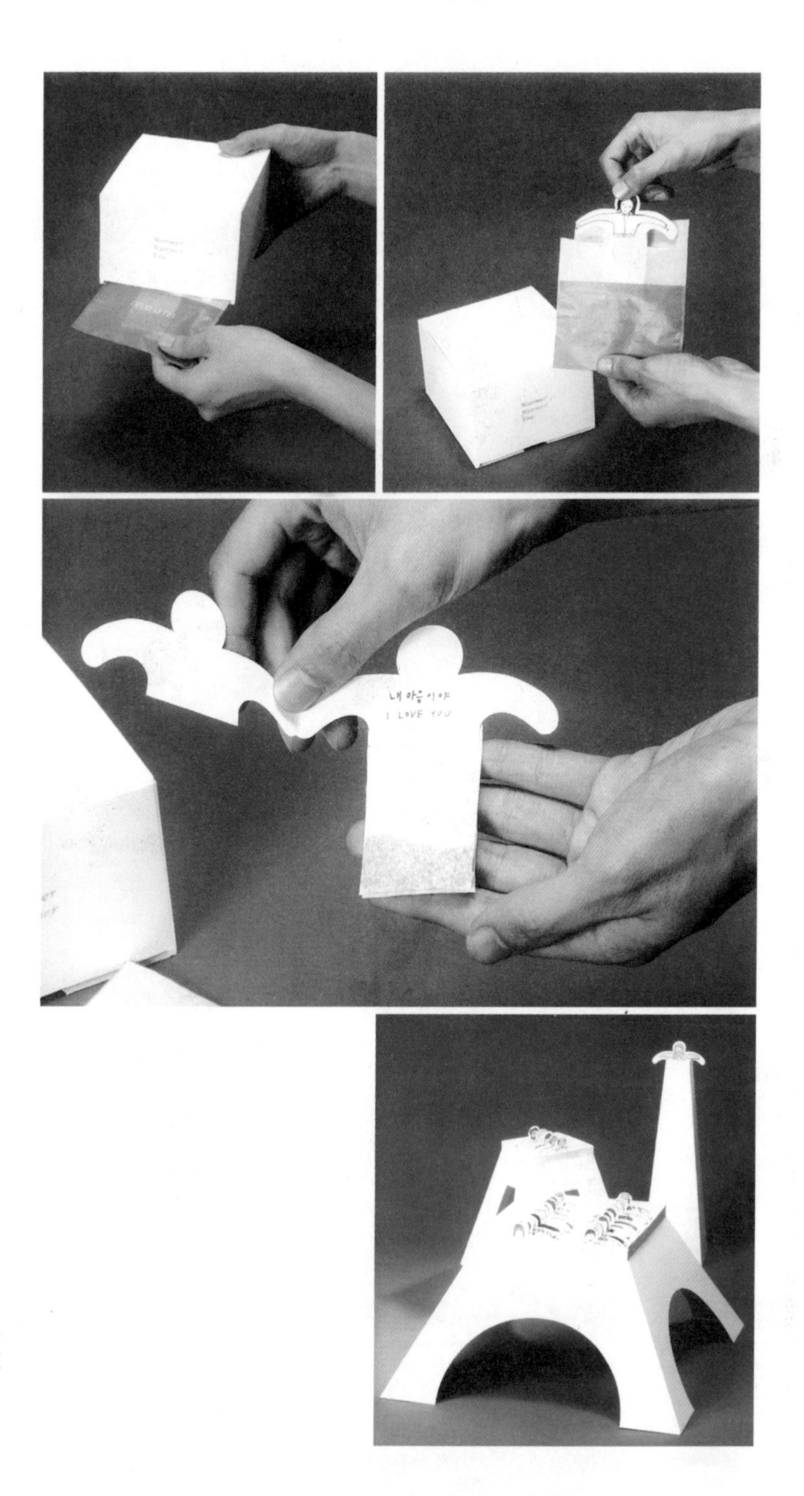

图7.9　将茶叶的包装盒设计成不同的人物形态，这样的设计便于人们在选择商品时寻找对位关系，较好地体现了包装设计的互动性
图7.10　蜡烛设计成彩色台灯的形状，火柴盒上设计了电源插头的图形。将蜡烛与火柴之间的关系巧妙地转换成台灯与插头的关系，进行概念的偷换，在设计中强调了互动的关系

图7.9
图7.10

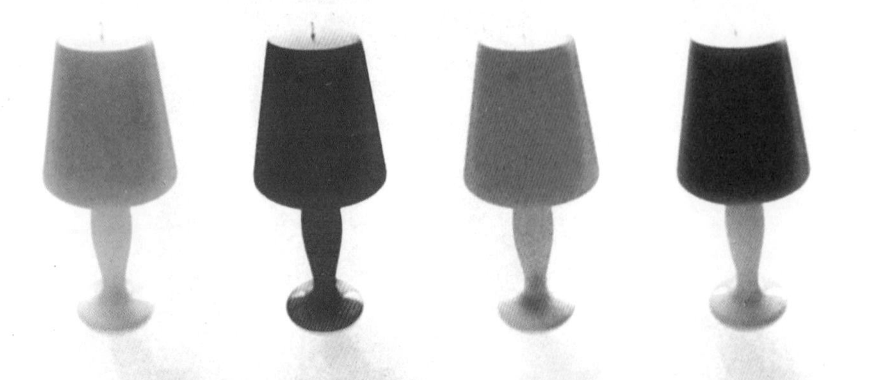

图7.11 设计者：王霜
指导教师：魏洁

品牌名称：玩啤(与顽皮谐音，突出啤酒互动识别游戏特性)

设计风格：手绘插画简约风格

设计方案：瓶体上特定区域刮取不同的夜光水果标识，进行游戏。将游戏本身和用户识别相结合，自主的展开互动识别行为，附加简单的游戏说明。

依托游戏：
水果蹲
1. 刮开瓶身“？”区域，得到自己的水果
2. 以得到的水果命名，如“苹果”
3. 念咒语“苹果蹲，苹果蹲，苹果蹲完西瓜蹲”，西瓜要马上接着念咒语，点出下一个幸运的水果
4. 念错名字或没有马上接力的水果即为输家，听凭大家惩罚

儿童饮用奶制品包装。充满玩心的儿童调皮可爱，我们希望小小的包装设计能满足一点他们随时随地的玩乐。多彩多味是儿童生活的重点，于是我们以多种类的果奶为载体，选择适合奶杯的玩乐方式，将插吸管与打靶结合，让儿童在开启之初即体验到小小的趣味

图7.12 设计者：程玖平 昝赤玉
指导教师：魏洁

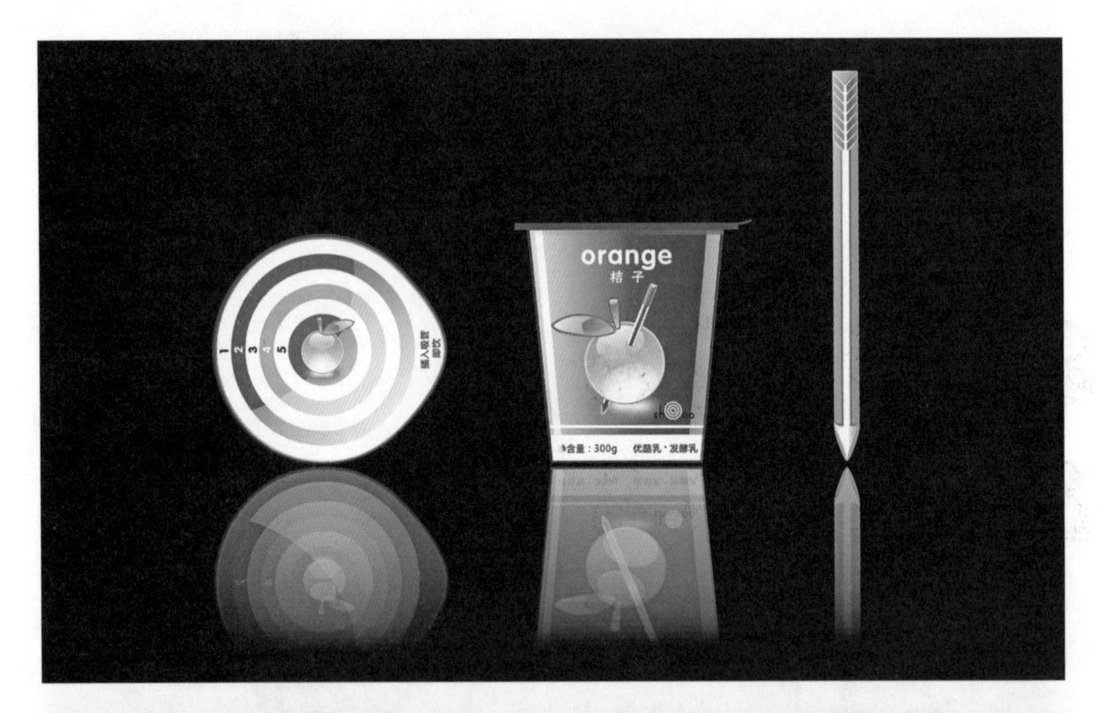

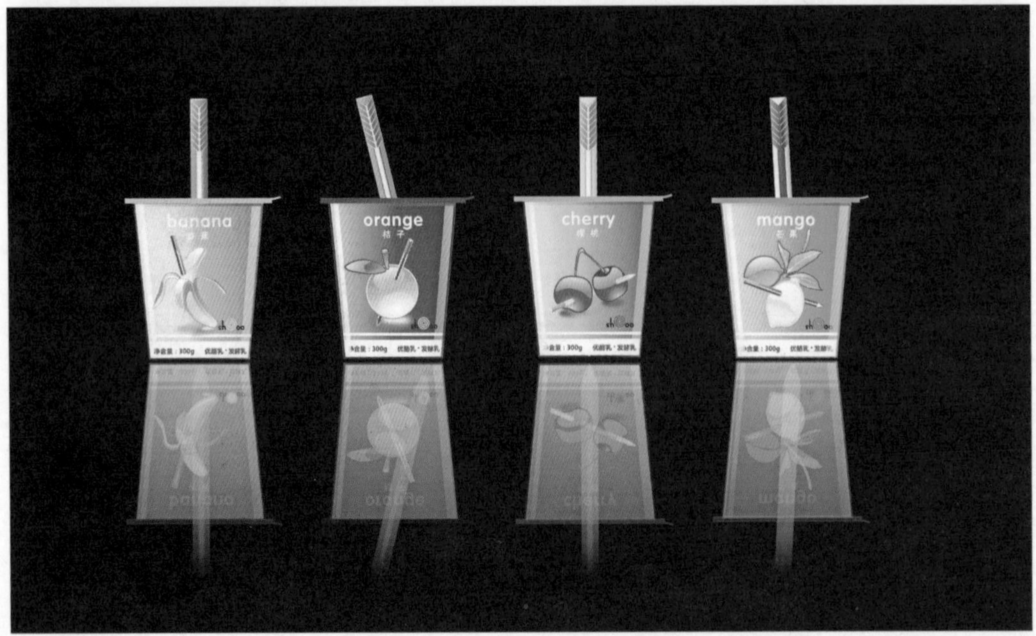

7.4课题4 / 异・地域化研究

作业要求：各地区的人文环境、民俗习惯、历史发展等状态的不一样,包装设计呈现出各种与众不同的本土化、民族化的特点。这些本土化和民族化的特点与当地的特色商品以及地域文化是紧密结合、息息相关的。应结合地域特色设计商品包装,让地域文化得以传承和应用。
建议课时：8～12课时
作业呈交方式：设计实物及照片，效果图电子文档。
尺寸：210mm×285mm；精度：300dpi；格式：TIFF
作业提示：
1. 以地域特征为切入点，将地域文化融入包装图形中。
2. 充分考虑包装的立体特性，以及各面之间的关系。
3. 图形语言的选择要结合产品的特性。
4. 设计构思做简短的文字说明。

图7.13

将日本女性形象几何化，巧妙地用于包装盒面，形态清新可人

竹制音箱包装。借用笼屉造型与麻布相结合体现竹制音响本土化的地域特色，吊牌以竹刻形式展示产品，禅意十足、古色古香

图7.14（a） 设计者：滕晓萌 周杨
指导教师：魏洁

图7.14（b）

7.5课题5 / 弱 · 弱势群体研究

作业要求：以弱势群体消费者的心理需要为基础，从自然差异、经济条件差异、政治地位差异等方面入手，对商品包装的人性化设计进行研究。突出强调弱势群体的心理需要，引起社会各部门对弱势群体的关爱，丰富包装设计语言，为包装研究与设计提供参考和引导。

建议课时：8～12课时

作业呈交方式：设计实物及照片，效果图电子文档。

尺寸：210mm × 285mm；精度：300dpi；格式：TIFF

作业提示：

1. 以弱势群体的需求作为包装的切入点，表达对这类群体的关怀。
2. 充分考虑包装的立体特性，以及各面之间的关系。
3. 图形语言的选择要结合产品的特性。
4. 设计构思做简短的文字说明。

高低不同的牛奶包装，仿照奶牛的真实形态，趣味横生。让儿童对牛奶本身充满兴趣

图7.15

图7.10

来源于日本传统儿童图案，平面的图形与立体的包装结合，自然生动的同时又起到保护的作用

品牌名称：绘生活

设计风格：手绘图案风格

设计方案：在结构上，设计方案采用桶装、可伸缩方式。在图形上，采用唯美的图案表达方式，通过可伸缩的方式，图案形成了各种大小的趣味变化，在使用的同时，给人以新奇和惊喜。

系列化产品：以颜色和图形来做区分，设计系列化彩色铅笔，分为黄色蝴蝶、粉色花朵、彩虹小鸟三个系列，以表达对生活中各种丰富多彩事物的自然描绘。

图7.17　设计者：王琪
指导教师：魏洁

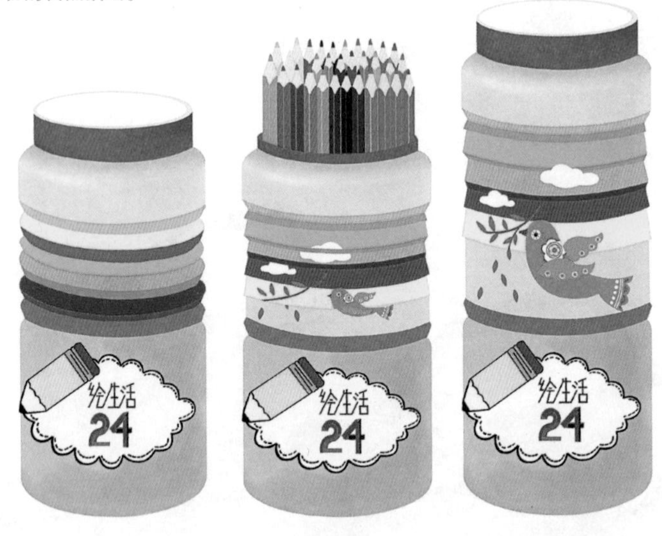

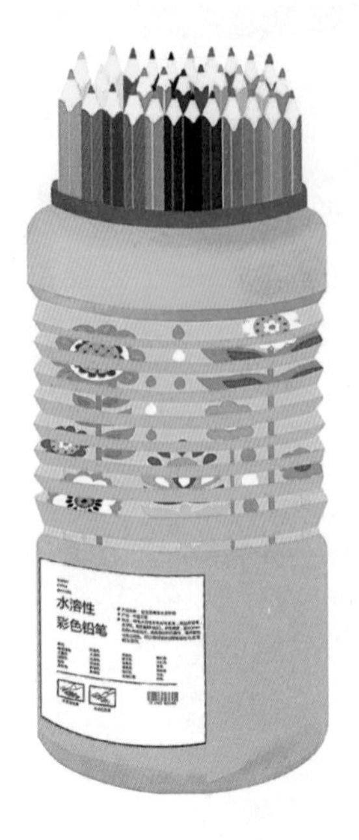

图7.18 设计者：彭程
指导教师：魏洁

品牌名称：“海里有情况”

设计风格：手绘插画、偏简单可爱的风格

设计方案：海洋容易联想到沉静，蓝色，希望强调冰淇淋清凉解暑的感觉，弱化了它比较油腻的一面，因此这一系列整个包装都以“海洋”作为主题，依托手绘插画的形式，内包装也是与海洋相关的元素。

系列化产品：
1. 巧克力冰淇淋
2. 牛奶味冰淇淋
3. 绿茶味冰淇淋
4. 香蕉味冰淇淋

包装系统：这一系列分为内包装和外包装，外包装为纸质，内包装为木头与海绵并存既可以单个售卖也可以组合排列。

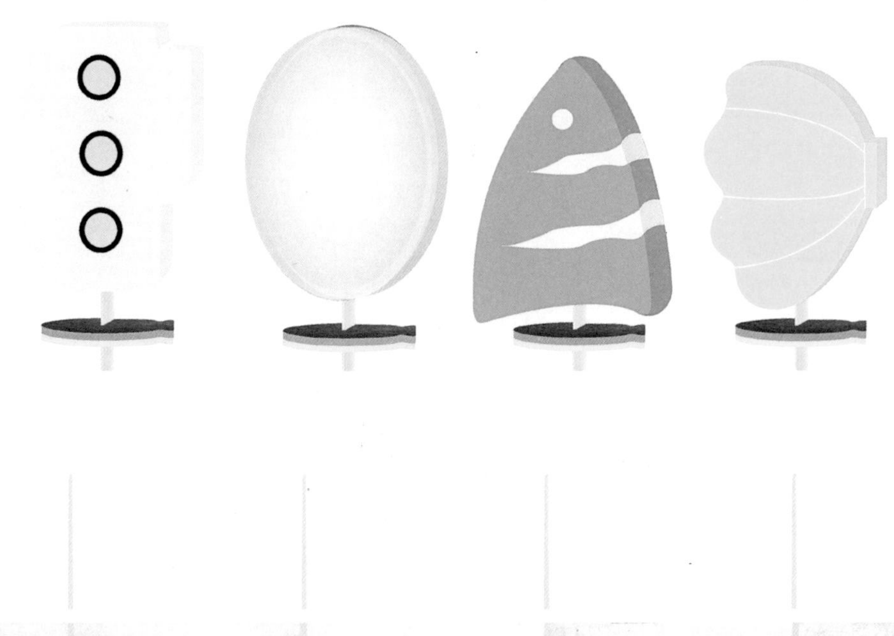

7.6课题6 / 概念包装设计研究

作业要求：概念包装设计是一种基于市场创新需求而推行的一种包装设计理论与方法。突破习惯认知，使包装表现出独特的设计个性，增强其商品竞争力，概念包装设计旨在追求材料形式表达的自由度，立足于包装设计独有的功能与特征。概念包装设计强调的是包装功能与形式上的突破，同时也探讨了包装设计方法与程序上的创新。概念包装设计的价值就在于它对发展的、前沿性的市场具有前瞻性与预测力，能引导使用者的消费行为与审美趋向，促进新的生活方式的形成。

建议课时：12～16课时

作业呈交方式：设计实物及照片，效果图电子文档。

尺寸：210mm×285mm；精度：300dpi；格式：TIFF

作业提示：

1. 以独特视角作为包装设计的切入点，对设计前瞻性进行探索。
2. 充分论证产品定义、用户分析、设计前期策划三个环节。
3. 考虑包装的立体特性，以及各面之间的关系。
4. 设计构思做简短的文字说明。

概念设计是设计过程的初始阶段，这一阶段的工作高度地体现了设计的创造性、艺术性、综合性和经验性。实践证明，一旦概念设计被确定，设计的60%~ 70%也就确定了。因此概念设计是设计过程中一个非常重要的阶段，也是设计过程中最有价值的阶段，它已经成为企业竞争的一个制高点

概念设计是由分析用户需求到生成概念设计的一系列有序的、可组织的、有目标的设计活动，它表现为一个由粗到精、由模糊到清楚、由抽象到具体不断进化的过程

图7.19（a）

图7.19（b）

该种乌冬面使用蔬菜干制成。包装设计运用南瓜和新鲜面条的图形进行了有趣的组合，设计风格让人联想起非工业化产品，看起来十分高档，但价格却不昂贵，同时这款设计打破了日本对此类产品的包装传统

一、产品定义

茶叶与咖啡、可可并称为世界三大饮料。
中国现代名茶有数百种之多，主要品种有绿茶、红茶、乌龙茶(青茶）、白茶、黄茶与黑茶。按时节又分春茶、夏茶、秋茶和冬茶。
现代人生活节奏快速，工作学习压力大，经常需要加班熬夜，茶、咖啡、可乐等含可卡因的饮品就成了大众提神的必备品。除了少数人对茶道茶文化的喜爱之外，大部分现代都市人喝茶的目的主要还是因为茶能提神醒脑，在工作学习中起到放松、消除疲劳的作用。
关键词：便捷、新颖、优雅、年轻女性

存在问题：
1. 目前市场上的袋泡茶包装以纸盒、纸袋居多，色彩方面以黄绿色调为主，以茶叶、茶园、茶杯等常见图片来表现，各品牌形式上雷同，让人难以第一眼相中。
2. 大部分茶包装没有特别的消费对象，导向性较弱
3. 在设计上缺乏创新点，不够吸引年轻消费者的注意，时尚感不强。

切入点：
通过包装来表现每款茶自身的气质和韵味，同时突出年轻化。

图7.20（a） 设计者：瞿洁
指导教师：魏洁

图7.20（b）

二、用户分析

袋装茶的消费对象以年轻人为主，目前大众消费者的需求为简单、便捷、确保口味的茶，同时年轻人群体对有特点的、有趣的视觉语言接受度和认知度较高，而其中的女性消费者会对优雅美丽的视觉符号更为认同。

三、设计策划

品牌名称：“茶韵”

设计风格：根据不同茶的口味及特点绘制的水彩风格插画，表现出茶本身的感觉及气韵。

设计方案：外形采用杯子的造型，每种茶对应一种杯子造型，对应一种颜色以及相配的水彩插画。在运输时盒子上的把手可以折叠，方便携带。同时每种茶均有相对应的茶包。饮用的时候直接拿茶包冲泡，使用过后盒子还可以做收纳盒用。

系列化产品：系列化的组合型茶品牌:将绿茶、红茶、黄茶——不同种类的组合，将茶系列化——红茶以红色基调为主，主打柠檬风味；黄茶以明黄色基调为主，主打金桔风味；绿茶以绿色基调为主，主打清荷风味。

包装系统：纸盒、独立小包装、折页、卡片、吊牌等。

产品对应环境：工作学习之余、朋友相聚之时来一杯，提神醒脑，放松心情。

销售渠道：超市、百货商场、网络、专卖店等大众渠道。

图7.20（c）

图7.21（a） 设计者：闫文
指导教师：魏洁

一、产品定义

“嘉顿”公司创立于1926年，经过近90年的发展不但在世界各地树立了“营养、卫生、美味”的鲜明品牌形象，深受顾客的支持和拥戴。其品牌下产品种类众多，但随着80、90后的崛起，新生儿童数量渐渐增多，儿童消费也越来越占据家庭支出的很大部分，同时，“嘉顿”儿童饼干种类多，造型多，口味多，更重要的是注重营养成分的添加，得到很多家长的关注。调查发现，市面上现有“嘉顿”儿童饼干包装的功能性、趣味性和视觉方面都存在一定的问题。这次课题希望通过对包装的再设计，解决其产品包装的结构、包装的类型、包装的视觉形象设计问题。

关键词：功能性、趣味性、形象系列化

存在问题：
1. 在包装功能性、结构上有三个问题，现有的铝箔袋，虽然方便小巧，但是运输过程中，经过挤压易碎。开启时，包装锯齿形开口不方便儿童开启包装，撕开时饼干容易散落。饼干在吃不完的情况下，不能很好的及时方便地进行密封保存。
2. 在包装的互动方面上，现有的包装比较单调，不能很好和儿童产生互动，吸引儿童。
3. 在包装的图形上，现有的外包装，不同口味的形象不同，没有一个比较主体的视觉符号将包装系列化，比较混乱，不便于消费者记忆。
4. 在包装类型方面上，现有的包装只有一种规格的独立包装，希望能在独立包装的基础上，增加礼盒装和便携装，便于消费者根据不同情况下选择购买。

切入点：“嘉顿”儿童饼干包装的四个问题

二、用户分析

此包装系统设计的用户需要分为两部分：一部分为食用人群，这部分人群为5—12岁儿童；另一部分为购买人群，这部分人群为5—12岁的儿童及家长。总体来说，5—12岁儿童为主要针对目标。这一年龄段的儿童在物品的选择上已经开始有自己的主张和喜好，他们喜欢色彩鲜明、活泼可爱又生动有趣的产品。

三、设计策划

品牌名称：“嘉顿”儿童营养饼干（动物饼干、BB熊饼干、手指饼干、花占饼干）

设计风格：卡通、小清新风格

设计方案：外包装根据“嘉顿”原来的标志设计一个儿童形象作为整个包装的主要视觉符号，在此基础上根据不同的口味设计与主体的故事情景。包装打开时会有小游戏，儿童可根据简单的提示，边吃边玩，边玩边学。

依托游戏：迷宫游戏
1. 打开包装纸盒，可以看到和饼干内容相关的迷宫游戏。
2. 儿童根据迷宫上的提示进行食用饼干和游戏。
3. 游戏上有很多小知识，可以让小朋友们了解一些常识。

系列化产品：以味道和图形来做区分，设计系列化饼干，大致分为四个系列。

1. 动物饼干——“排排坐，吃饼干”主体形象与卡通动物之间的故事。内部游戏是“动物乐园”。
2. BB熊饼干——“我爱蜂蜜”主体形象与熊之间的故事。内部游戏是“BB熊的窝”。
3. 手指饼干——“我的手指123”主体形象与手指之间的故事。内部游戏是“美丽千手”。
4. 花占饼干——“我爱花花”主体形象与卡通花草之间的故事。内部游戏是“花花世界”。

(由于时间较短，着重以动物饼干作为本次课题的设计对象)

包装系统：三个系列分别根据重量和情景分为独立装、礼盒装、便携装。

图7.21（b）

参考文献

[1] 芦影.视觉传达设计的历史与美学[M]. 北京：中国人民大学出版社，2000.

[2] （美）凯瑟琳·M·费舍尔.完美包装设计.上海：上海人民美术出版社，2003.

[3] （澳）爱德华·丹尼森，（英）理查德·考索蕾.包装纸型设计[M]. 上海：上海人民美术出版社，2003.

[4] （英）安妮和亨利·恩布勒姆.密封包装设计[M]. 上海：上海人民美术出版社，2004.

[5] （美）斯黛茜·金·高登.包装再设计——适应市场变化的平面再设计[M]. 上海：上海人民美术出版社，2006.

[6] 曹方.视觉传达设计原理[M]. 南京：江苏美术出版社，2005.

[7] 陈磊.包装设计[M]. 北京：中国青年出版社，2006.

[8] 魏洁.包装设计基础[M]. 上海：上海人民美术出版社，2006.

[9] 王安霞.产品包装设计[M]. 南京：东南大学出版社，2009.

[10] Ooogo ltd.Packaging [M]. Higntone Book Co.,Ltd,2009.

[11] Choi's Gallery.PACHAGING CRISIS [M]. Kili China,2011.

[12] Lin Gengli,Lin Shijian.PACKAGING STRUCTURES [M]. Sendpoints Publishing Co.,Limited,2012.

[13] Fujii Kazuhiko.Package Design in Japan [M]. Rikuyosha Co.,Ltd,2009.

[14] Victor Cheung.Packaging embalaje verpakking [M]. Workshop ltd,2008.

本书在论述的过程中引用了一些来自国内外设计同行的相关论点和作品，由于时间仓促，未能与所有作者取得联系。在此表示真诚的歉意与衷心的感谢。

图书在版编目（CIP）数据

包装系统设计／魏洁著. —北京：中国建筑工业出版社，2013. 10
高等艺术院校视觉传达设计专业规划教材
ISBN 978-7-112-15840-9

Ⅰ. ①包… Ⅱ. ①魏… Ⅲ. ①包装设计—高等学校—教材 Ⅳ. ①TB482

中国版本图书馆CIP数据核字（2013）第217448号

责任编辑：李东禧 吴 佳
整体策划：陈原川 李东禧
整体设计：姜 靓
版面设计：刘 颖
责任校对：王雪竹 党 蕾

高等艺术院校视觉传达设计专业规划教材
包装系统设计
魏 洁 著
*
中国建筑工业出版社出版、发行（北京西郊百万庄）
各地新华书店、建筑书店经销
北京美光设计制版有限公司 制版
北京顺诚彩色印刷有限公司 印刷
*
开本：787×1092毫米 1/16 印张：11 3/4 字数：323千字
2013年11月第一版 2013年11月第一次印刷
定价：59.00元
ISBN 978-7-112-15840-9
(24286)